SÉANCES

DU

CONGRÈS VITICOLE

INTERNATIONAL

OUVERT A MONTPELLIER, LE 26 OCTOBRE 1874

Sous la Présidence de M. DROUYN DE LHUYS

PRÉSIDENT DE LA SOCIÉTÉ D'AGRICULTURE DE FRANCE

PAR

E. BONNARD

INGÉNIEUR CIVIL, LICENCIÉ ÈS SCIENCES PHYSIQUES

ANCIEN ÉLÈVE DE L'ÉCOLE CENTRALE DES ARTS ET MANUFACTURES

MONTPELLIER

C. COULET, LIBRAIRE DE LA FACULTÉ DE MÉDECINE

GRAND'RUE, 5

—

1874

SÉANCES

DU

CONGRÈS VITICOLE

INTERNATIONAL

OUVERT A MONTPELLIER, LE 26 OCTOBRE 1874

Sous la Présidence de M. DROUYN DE LHUYS

PRÉSIDENT DE LA SOCIÉTÉ D'AGRICULTURE DE FRANCE

PAR

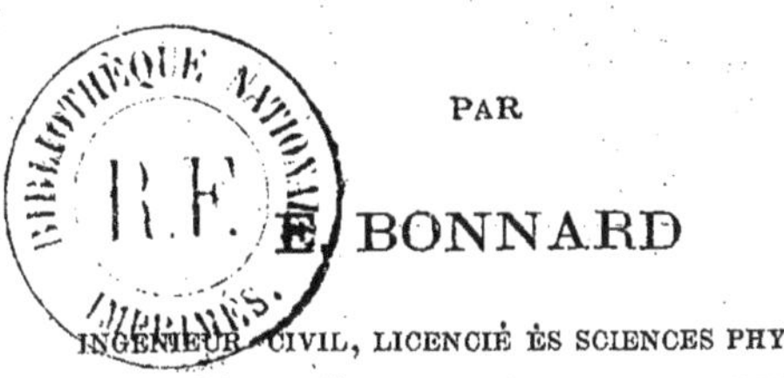

E. BONNARD

INGÉNIEUR CIVIL, LICENCIÉ ÈS SCIENCES PHYSIQUES

ANCIEN ÉLÈVE DE L'ÉCOLE CENTRALE DES ARTS ET MANUFACTURES

MONTPELLIER

C. COULET, LIBRAIRE DE LA FACULTÉ DE

GRAND'RUE. 5

1874

MONTPELLIER

IMPRIMERIE CENTRALE DU MIDI

RICATEAU, HAMELIN ET C°

Pour répondre au désir qui nous en a été exprimé [par un grand nombre de personnes, nous avons réuni dans cette brochure les articles que nous avons publiés dans l'*Union nationale* sur le Congrès viticole international, à la suite de chaque séance.

Si quelques erreurs ou omissions se sont glissées dans notre travail, elles sont tout à fait involontaires et ne doivent être attribuées qu'à la difficulté de bien suivre et de bien entendre dans une aussi nombreuse assemblée.

E. B.

SÉANCES

DU

CONGRÈS VITICOLE INTERNATIONAL

OUVERT A MONTPELLIER, LE 26 OCTOBRE 1874

INAUGURATION

DES CONGRÈS INTERNATIONAUX SÉRICICOLE ET VITICOLE

L'ouverture des Congrès internationaux séricicole et viticole, favorisée par un temps splendide, a eu lieu aujourd'hui 26 octobre, à dix heures du matin, salle des Concerts du théâtre.

Le cortége officiel, en tête duquel marchaient MM. Halna du Fretay, inspecteur général de l'agriculture; M. le Préfet, M. Gaston Bazille, président de la Société d'agriculture de l'Hérault, et que formaient, outre les autorités civiles et militaires, un grand nombre de notabilités agricoles, a été salué à son arrivée par la musique du génie.

Quelques minutes après, au milieu d'une salle remplie de tout ce que l'agriculture compte en hommes de science et d'étude, M. l'Inspecteur général de l'agriculture, délégué de M. le Ministre du commerce, prenait place au fauteuil de la présidence, ayant à sa droite M. le Préfet et à sa gauche M. le Président de la Société d'agriculture de l'Hérault.

Les autres fauteuils de l'estrade étaient occupés par MM. les Délégués du Comice fédéral suisse, M. Schnetzler, M. Targioni-Tozzetti, professeur à l'Université de Florence; M. Roesler, professeur à l'Institut agricole de Klosternenburg, près Vienne (Autriche); M. le comte

Rossi-Fredigoti, président du Comice agricole de Rovereto, délégué du gouvernement autrichien ; M. le commandeur Gaetano Cantoni, directeur de l'École supérieure d'agriculture de Milan, délégué du gouvernement italien ; MM. le vicomte de Rodez-Bénavent, Dupin, Bouisson, députés, et M. le général de division ; M. Sigaudy, premier président de la Cour ; M. le colonel de gendarmerie Stephani ; M. Germain, doyen de la Faculté des lettres, etc., etc.

M. Halna du Fretay a ouvert les Congrès par le discours suivant :

« Messieurs,

» Le Gouvernement ne pouvait rester indifférent à la réunion, sur le sol de la France, d'une assemblée où les savants et les représentants des diverses contrées s'étaient donné rendez-vous, pour discuter des questions agricoles et économiques qui intéressent à un si haut degré la prospérité des États.

» M. le Ministre de l'agriculture et du commerce, — dont la sollicitude s'est depuis longtemps émue des épreuves que traversent deux de nos principales industries agricoles, jadis si prospères, — avait résolu de venir inaugurer vos travaux, auxquels il attache le plus haut intérêt. Il avait à cœur de répondre à de pressantes et gracieuses sollicitations, et de souhaiter la bienvenue aux étrangers qu'unissent à nous tant d'intérêts communs et de sentiments d'affection.

» Retenu à Paris par des circonstances indépendantes de sa volonté, M. le Ministre a daigné me confier la mission de le représenter à cette solennité et de vous exprimer ses regrets.

» Messiéurs les Membres du Congrès séricicole,

» Goritz, Udine et Rovereto, sont trois noms que vos travaux ont désormais rendus célèbres, et il est particulièrement flatteur pour la France d'avoir vu consacrer, dans ces assises scientifiques, les découvertes d'un de ses plus illustres savants.

» La France s'honore de donner, à son tour, asile au quatrième Congrès séricicole international, dont les conséquences, je n'en doute pas, seront fructueuses pour l'avenir de la sériciculture.

» M. le Préfet tient à vous dire le prix que le département de l'Hérault et la ville de Montpellier, cet antique foyer des sciences, attachent à avoir été désignés pour être le siége du Congrès.

» Messieurs les Membres du Congrès viticole,

» Inspirés par une généreuse pensée, qui ne restera pas inféconde, vous avez voulu joindre vos efforts à ceux de vos collègues du Congrès séricicole, et vous unir à eux, dans un commun labeur, pour rechercher les moyens de lutter contre une calamité circonscrite, hier encore, au midi de la France, aujourd'hui disséminée sur plusieurs points de l'Europe.

» Un vaste champ est ouvert à vos études. Vos travaux, dirigés par l'homme éminent dont le nom est sur toutes les lèvres, constituent déjà une espérance pour les viticulteurs menacés ; ils seront un encouragement à une

résistance dont l'exemple a, du reste, été donné par des hommes distingués
que j'aperçois dans vos rangs.

» Croyez, Messieurs, que le Gouvernement ne négligera rien pour faciliter
l'application des solutions pratiques qui ressortiront de vos discussions.

» Je considérerai toujours comme le plus précieux souvenir de ma carrière
agricole et administrative, l'honneur d'avoir été, près de vous, l'interprète
et le représentant du Gouvernement français, aux plus graves préoccupa-
tions duquel répondent les travaux que vous allez entreprendre. »

Après ce discours, qui a été accueilli avec une vive approbation,
M. le Préfet s'est levé et s'est exprimé, à son tour, en ces termes :

« Messieurs,

« Au nom du département de l'Hérault, je veux souhaiter la bienvenue
aux hommes éminents qui viennent honorer le Congrès de leur précieuse
collaboration.

» Notre Midi est à la veille de voir tarir les deux plus abondantes sources
de la prospérité publique. De riches contrées, auxquelles un ciel privilégié a
donné le vin et la soie, sont menacées dans leurs principales récoltes.

» L'agriculture française a poussé le cri d'alarme ; ce cri a été entendu de
tous les points de notre territoire, et il a trouvé un sympathique écho au
delà de nos frontières.

» C'est ainsi que se sont organisées les grandes assises de la science que
nous inaugurons aujourd'hui. Dans sa sollicitude pour nos intérêts agricoles, M. le Ministre de l'agriculture et du commerce désirait présider lui-
même cette solennité ; mais, empêché par des devoirs plus impérieux, il
ne pouvait mieux déléguer ses pouvoirs qu'à l'honorable inspecteur général
désigné au choix du Gouvernement, plus encore par sa science et son ta-
lent que par sa haute situation officielle.

» Nos populations méridionales, Messieurs, vont suivre vos travaux avec
un fiévreux intérêt. Elles savent que c'est pour les préserver de la ruine que
vous venez mettre en commun vos lumières. Elles s'attendent à ce que de
vos efforts combinés va jaillir l'étincelle qui fera luire à leurs yeux l'espérance.

» Aussi ne suis-je que l'interprète de leurs sentiments en vous remerciant en leur nom, Messieurs ;

» En remerciant ces chercheurs infatigables autant que distingués qui,
dans notre Languedoc, luttent avec un si persévérant courage contre l'invasion du fléau dévastateur ;

» En remerciant les éminents agronomes accourus des diverses régions
de la France, pour nous porter les résultats de leurs études et de leur expérience ;

» En remerciant les savants illustres qu'ont délégués vers nous des nations voisines et amies. Nous sommes honorés et heureux de leur offrir
notre hospitalité. Outre que leur présence est une garantie de succès pour
le Congrès, dont elle éclairera les travaux autant qu'elle en relève l'éclat,

elle nous créera de nouveaux liens de cordialité avec des nations déjà unies à la France par la communauté des intérêts. »

Les dernières paroles du discours de M. le Préfet ont été chaudement applaudies.

M. Gaston Bazille, président de la Société d'agriculture, a ensuite prononcé, avec une grande chaleur et un accent vraiment ému, l'allocution dont voici le texte:

« MESSIEURS,

» Je n'ai jamais mieux apprécié qu'aujourd'hui le titre de président de la Société d'agriculture de l'Hérault et de président du Comité d'organisation de nos Congrès internationaux, puisque c'est à ce double titre que je dois l'insigne honneur de vous souhaiter à mon tour la bienvenue.

» C'est avec joie, c'est avec fierté, que nous recevons dans nos murs tant d'hommes éminents, tant de savants illustres. Ce jour, nous l'inscrirons dans nos annales agricoles comme un jour heureux et marqué d'une pierre blanche! Soyez les bienvenus, vous, nos compatriotes, accourus de tous les points du pays, pour nous aider à combattre les terribles fléaux qui désolent notre agriculture méridionale. Soyez les bienvenus, croyez à notre vive reconnaissance, vous tous qui, nés sous d'autres cieux, venez si généreusement nous faire profiter du résultat de vos travaux et de vos savantes recherches.

» Nous en sommes certains, lorsqu'à Rovereto, il y a deux ans, vous choisissiez Montpellier comme le siége du quatrième Congrès séricicole, vous nous donniez déjà un premier témoignage de sympathie.

» Aujourd'hui, vous ne venez pas seulement prendre part à des conférences scientifiques: vous avez aussi voulu, par votre présence, nous montrer qu'il y a toujours, quoi qu'on en dise, de l'autre côté des Alpes, des hommes qui pensent à la France et des cœurs qui battent à l'unisson des nôtres.

» Aussi, nous, les enfants de cette noble France, qui l'aimons, qui la chérissons d'autant plus qu'elle a été, bien sans sa faute, plus malheureuse et plus meurtrie, ah ! nous sentons tout le prix de votre affection ; et non des lèvres seulement, mais du plus profond de notre cœur, nous vous crions à tous : Voici nos mains, soyez les bienvenus ! »

On a procédé ensuite à la nomination des bureaux des deux Congrès.

Le bureau du Congrès séricicole se trouve ainsi composé :

Président, M. Louis Vialla, vice-président de la Société d'agriculture de l'Hérault.

Vice-présidents : M. le comte Boesi-Federico, président du Comice agricole de Rovereto, délégué du Gouvernement autrichien ; M. le comte Freschi, président de l'Association agraire du Frioul, délégué du Gouvernement italien; M. le commandeur Gaetano Cantoni, directeur de l'École supérieure d'agriculture de Milan, délégué du Gouvernement italien; M. de Lachadenède, président du Comice agricole d'Alais; M. le marquis de l'Espine, président de la Société d'agriculture de Vaucluse; M. Frédéric Cazalis, directeur du *Messager agricole du Midi*.

Secrétaire général, M. Maillot, directeur de l'institut séricicole de la Gaillarde.

Secrétaires: MM. Jeanjean, de Saint-Hippolyte; Baudin, de l'École normale de Paris; de Plagnol, à Chomérac (Ardèche); Duclaud, professeur à la Faculté des sciences de Lyon; Duplat, directeur du *Moniteur de la soierie*, à Lyon; Audogneau et Jeannenot, professeurs à l'École d'agriculture de la Gaillarde.

Voici la composition du bureau du Congrès viticole :

Président, M. Drouyn de Lhuys.

Vice-présidents : MM. Schnetzler, délégué du Comice fédéral suisse ; Targioni Tozzetti, professeur à l'Université de Florence; Roesler, professeur à l'institut agricole de Klosternenburg, près Vienne ; le comte de Lavergne, de Bordeaux ; le vicomte de la Loyère, de Chalon-sur-Saône ; Michel Perret, président du Comice agricole de Saint-Marcelin (Isère) ; Jules Pagezy, ancien député, ancien maire de Montpellier ; Henri Marès, membre correspondant de l'Institut, secrétaire perpétuel de la Société d'agriculture de l'Hérault.

Secrétaire général, M. Lecouteux, secrétaire général de la Société des agriculteurs de France.

Secrétaires : MM. Terrel des Chênes, P. Leenhardt, Saintpierre, de Martin, Durand, professeur à l'École d'agriculture de la Gaillarde ; Foex, professeur à l'école de la Gaillarde ; Cornu, délégué de l'Institut.

Tous ces noms honorables, prononcés par M. Gaston Bazille, ont été accueillis avec des marques d'unanime sympathie.

M. l'Inspecteur général a fait à ce moment remarquer, avec une courtoisie parfaite, que M. Gaston Bazille avait poussé la modestie jusqu'à oublier de se nommer lui-même parmi les membres qui doivent former les deux bureaux, et il a proposé de réparer cet oubli en le nommant vice-président des deux Congrès.

Cette proposition a été accueillie à l'unanimité.

M. Halna du Frétay a ensuite donné connaissance d'une dépêche du savant M. Pasteur, empêché pour cause de maladie de prendre part aux travaux de nos Congrès, et qui adresse à tous leurs membres, en même temps que ses regrets, ses souhaits et ses encouragements.

Le nombre des personnes qui se sont inscrites pour prendre part ou assister aux travaux du Congrès, ayant dépassé de beaucoup les prévisions du Comité d'organisation, il a été apporté une sage dérogation aux premières dispositions adoptées.

Dans la crainte que les dimensions et les aménagements de la salle de la Cour d'assises ne se prêtent à une assistance aussi nombreuse que celle qui paraît, dès aujourd'hui, assurée à ces autres grandes assises de l'agriculture, il a été décidé que les séances des deux Congrès auraient lieu dans la salle même des Concerts, où ils venaient d'être inaugurés.

Le Congrès séricicole tiendra ses séances le matin, à partir de huit heures ; celles du Congrès viticole commenceront à une heure de l'après-midi.

De cette façon, il sera possible de suivre les travaux de ces deux savantes réunions et d'y prendre part.

La première séance du Congrès viticole aura lieu aujourd'hui même, à une heure, et demain mardi, dans la matinée, se fera la première excursion, à Saint-Clément, Montferrier et la Gaillarde.

Après avoir ainsi fixé l'heure et le lieu des réunions du Congrès, la séance a été levée, et le cortége officiel a regagné la Préfecture dans le même ordre.

CONGRÈS VITICOLE INTERNATIONAL

PREMIÈRE SÉANCE

MM. les Membres du Congrès, sur la proposition de la Commission d'organisation, ont offert à M. Drouyn de Lhuys, l'éminent président de la Société des agriculteurs de France, la présidence du Congrès viticole, à laquelle l'appelait de droit autant sa science que son dévouement aux intérêts de l'agriculture, qu'il défend avec tant de zèle.

La séance a été ouverte par le remarquable discours de l'ancien ministre des affaires étrangères.

Nous le reproduisons *in extenso* :

« Messieurs,

» C'est un grand spectacle que cette vaste conspiration de toutes les forces vives de la science et de la pratique pour combattre le phylloxera, ce fléau qui menace de tarir les principales sources de la richesse de notre pays. L'entomologie consulte ses annales ; la chimie épuise ses arsenaux ; l'hydrologie lui prête son assistance ; l'art de la culture invente de nouveaux procédés ; les Sociétés savantes de nos départements mettent cette question à l'ordre du jour ; l'Assemblée nationale en fait le sujet de ses délibérations ; le Gouvernement s'en émeut ; l'Institut de France ouvre une enquête solennelle. L'air, le feu, la terre et l'eau, sont mis à contribution pour nous fournir des moyens de défense ; de toute part s'organise la levée en masse des populations viticoles pour repousser l'invasion, et les plus magnifiques récompenses sont promises au libérateur.

» La grandeur de l'effort n'est que trop justifiée par l'importance des intérêts qu'il s'agit de sauver. Mais quel est donc le terrible ennemi qui les met en péril et provoque de notre part de si formidables préparatifs de guerre ? Mesurez sa taille, examinez ses armes, visitez ses remparts : que trouverez-vous ? Un puceron microscopique, une imperceptible tanière, une étroite fissure dans le sol. O cruelle ironie ! O contraste étrange entre l'impuissance physique de l'homme et les forces mystérieuses de la nature, entre l'apparente exiguïté de la cause et l'immensité des effets, entre les moyens de détruire et les moyens de conserver !

» Ici la petitesse de l'individu est, il est vrai, compensée par le nombre ; le phylloxera est doué d'une effrayante fécondité : suivant les calculs d'observateurs attentifs, un seul couple peut devenir la souche de vingt-cinq milliards de pucerons, dans l'espace de temps compris entre le 15 mars et le 15 octobre. De là cette propagande rapide et cette série de migrations, dont nous trouvons l'exposé dans le rapport présenté à l'Académie des sciences par M. Duclaux, professeur de chimie à la Faculté de Clermont.

» Parcourons ces lugubres étapes.

» En 1863, l'insecte apparaît pour la première fois sur un seul point du département de Vaucluse.

» En 1866, il envahit une portion de ce département, en se reproduisant sur des points peu distants les uns des autres. On le signale également dans deux communes des Bouches-du-Rhône.

» En 1867, on remarque une large tache dans ce département, et la contrée située au nord d'Avignon est envahie.

» En 1868, les deux rives du fleuve, depuis la mer jusqu'à Pierrelattes, sont attaquées.

» En 1869, l'épidémie arrive aux portes de Nîmes, d'Aix, de Montélimart et de Valence; des vignes sont atteintes dans l'Hérault et le Var.

» En 1870, le mal prend un grand développement dans la même direction.

» En 1871, toute la vallée du Rhône, de Valence à la mer et jusqu'à Aubagne, est sous le coup du phylloxera; les taches deviennent de plus en plus larges dans le Var et l'Hérault.

» En 1872, le fléau gagne du terrain dans ces deux départements; on signale sa présence aux environs de Tournon.

» Enfin, en 1873 et 1874, soixante communes du Bordelais sont plus ou moins entamées, et l'insecte destructeur fait son apparition dans le Beaujolais.

» Ne croyez-vous pas, Messieurs, entendre comme un écho de ces paroles de nos livres saints :

» Tu planteras une vigne, tu la façonneras, mais tu n'en auras pas de vin, » et tu n'en tireras rien, parce qu'elle sera détruite par les insectes.

» La vendange est attristée, la vigne languit, les larmes gagnent ceux qui » avaient la joie au cœur. Tout divertissement est abandonné; le sourire de » la terre s'est évanoui.

» Le Carmel perdra sa gaieté et son allégresse. Il n'y aura plus de chan- » sons dans les vignes » ?

» La Société des agriculteurs de France, jalouse de témoigner sa sollicitude pour tous les intérêts en souffrance, au Midi comme au Nord, tenait à honneur de porter sa bannière dans la croisade entreprise contre un odieux envahisseur qui, avec un instinct funeste, semblait avoir choisi, entre toutes les places de l'ancien monde, les plus florissantes et celles où ses ravages seraient le plus désastreux.

» Dès 1868, dans notre première session générale, nos inquiétudes se traduisaient en des termes malheureusement prophétiques. « Le monde vi- » ticole, disait notre rapporteur, M. le comte de Lavergne, reste dans l'ap- » préhension d'un immense désastre, et la science est encore à la recherche » de la vraie cause du mal et d'un moyen de salut. »

» Après une discussion, à laquelle prirent part les viticulteurs les plus dis
tingués, une Commission fut nommée pour aller sur les lieux étudier sans
délai, aux frais de la Société, la nouvelle maladie de la vigne.

» Au Congrès de Lyon, organisé en avril 1869 par la même Société, la
question du phylloxera occupe une large place.

» On la retrouve encore amplement traitée dans le Compte rendu des travaux du Congrès de Beaune, tenu sous nos auspices en novembre 1869, et
que j'avais également l'honneur de présider ; une médaille d'or y est décer-
née à M. Planchon.

» L'Annuaire de notre deuxième session générale, ouverte le 24 janvier 1870, contient l'exposé des intéressants débats engagés dans le sein
de la section de viticulture sur ce sujet, qui, peu de mois après, appelait
l'attention du Congrès de Valence.

» Après la guerre, la question revient à l'ordre du jour devant l'Assemblée
générale. Dans la séance du 23 janvier 1872, M. Gaston Bazille présente
son rapport annuel sur la marche du fléau et sur les moyens employés pour
le combattre. Les pouvoirs de la Commission d'étude sont prorogés.

» Au mois de septembre 1872, nouveau Congrès viticole tenu à Lyon,
dans les mêmes conditions. Les voix les plus autorisées s'y font entendre.

» Les quatrième et cinquième sessions générales, en 1873 et 1874, offri-
rent à la Société l'occasion de prouver que son zèle ne s'était pas ralenti.

» Enfin le Conseil, par décision insérée au *Bulletin* du mois de juillet de
cette année, a décidé qu'un prix sera décerné, en 1875, à l'inventeur du
meilleur procédé pour arrêter ou prévenir les ravages du phylloxera.

» Vous le voyez, Messieurs, en répondant à votre bienveillant appel, je
ne fais que continuer la tradition de la Société qui m'a honoré de ses suf-
frages. Je viens, sur un nouveau champ de bataille, combattre un ancien
ennemi, sous le même drapeau et avec les mêmes alliés.

» Nos études, qui depuis l'origine se sont suivies sans interruption, avaient
pour objet, d'abord, la connaissance de la maladie elle-même ; en second
lieu, la découverte des remèdes destinés à la guérir.

» On a dû commencer par écarter les hypothèses qui attribuaient le fâ-
cheux état de la vigne, soit aux froids des hivers précédents, soit aux séche-
resses des printemps, et l'on a reconnu tout de suite que c'était dans une
autre voie qu'il fallait chercher la cause du mal. Tout le monde sait aujour-
d'hui que d'habiles et patients observateurs, après avoir examiné dans
tous leurs organes les ceps attaqués, ont aperçu enfin, sur les racines, des
milliers de pucerons jaunâtres, fixés au bois et suçant la séve ; tous à des
états divers de développement, attachés à la partie souterraine de la vigne,
dont ils dévorent la substance, et qu'ils n'abandonnent qu'après l'avoir détruite. Multipliant, comme nous l'avons dit, dans des proportions qui défient
le calcul et épouvantent l'imagination, ils sont protégés contre les agressions
de l'homme par la profondeur du sol, qui leur sert à la fois de retraite et de
défense. On prétend qu'un hectare de terre infectée livre chaque jour aux
courants atmosphériques un demi-million d'émigrants, qui, s'abandonnant
à tous les vents du ciel, vont implanter au loin leurs malfaisantes colonies.

» Une fois l'insecte découvert, bien étudié, bien connu, on s'est demandé d'où il venait. Peut-être est-il originaire de l'Inde, où l'on a vu récemment les vignobles détruits sur une grande étendue par une cause qui n'a pas encore été scientifiquement constatée; sa première apparition, à peu de distance de Marseille, ce grand entrepôt des marchandises de l'Orient, semblait donner quelque probabilité à cette assertion. Mais on admet assez généralement qu'il a été amené de l'Amérique du Nord, et sa présence a été officiellement vérifiée sur les cépages indigènes par les entomologistes des États-Unis. Là son action serait restreinte et pour ainsi dire insensible; exercée sur des ceps à demi sauvages et non encore épuisés par des siècles de culture forcée, elle n'a pas en général, au Nouveau Monde, le pouvoir destructeur qu'elle prend dans nos contrées.

» C'est ici que se place le débat qui divise encore les meilleurs esprits: le phylloxera n'est-il qu'un des symptômes de l'épuisement de nos vignes, signalé déjà par l'apparition de l'oïdium et d'autres maladies qui n'en auraient été que les avant-courrières? Ou bien son arrivée parmi nous est-elle le résultat d'un simple hasard? En un mot, le phylloxera est-il cause ou effet? Ses ravages et sa multiplication n'ont-ils pas été déterminés par un état anormal de la plante? Une telle question n'est pas purement spéculative. Si l'invasion de l'insecte est un accident indépendant de la condition de nos vignes, il faut chasser le phylloxera comme on traque le loup dans nos bois et l'ours sur nos montagnes, ou bien les rats et les souris dans nos greniers. Alors il serait possible, par une guerre d'extermination, soit de le faire disparaître, comme l'Angleterre y a réussi à l'égard du loup, soit au moins d'en diminuer le nombre, comme nous essayons d'y parvenir à l'égard du hanneton.

» Si, au contraire, la multiplication du phylloxera résultait d'une rupture inconnue d'équilibre dans la constitution de nos vignes, comme on voit le champignon pulluler sur les végétaux morts, ou les vers sur les cadavres, on essayerait inutilement d'en entraver la diffusion et la propagation. Il se retrouverait, en dépit de tous les efforts, partout où il rencontrerait des circonstances propices, conformément à cette loi universelle qui fait sourdre la vie comme un torrent sans digue, dans tout milieu propre à la recevoir. On soutient, à l'appui de cette thèse, que le puceron a dû exister en tout temps sur la vigne, mais qu'il y est resté inaperçu, tant qu'il n'a pas trouvé des éléments suffisants d'alimentation et de fécondité. Ce seraient alors nos vignes qu'il faudrait régénérer, pour supprimer ou restreindre en elles les conditions favorables au développement du phylloxera.

» Sans prendre parti dans ce grave différend, on peut constater qu'il n'est pas encore vidé. Le problème se présente à l'esprit de tous ceux qui, savants ou praticiens, se préoccupent du salut de nos vignobles.

» Il en résulte une division naturelle pour le classement des moyens curatifs qui ont été proposés, et qui, au nombre de quelques centaines, sont soumis en ce moment à l'Institut et au Ministère de l'agriculture. Les uns ont pour but direct la destruction ou l'éloignement du phylloxera, au moyen d'insecticides ou de divers procédés; les autres tendent à modifier ou à fortifier la sève, l'écorce ou la plante, soit dans son ensemble, soit dans ses parties.

» Au premier rang des procédés expérimentés jusqu'ici se place la submersion hivernale, dont les résultats sont incontestables. L'inventeur de cette méthode, aussi simple qu'ingénieuse, vient d'être récompensé par une flatteuse distinction, qui en consacre le succès. (Mouvement d'approbation.) Il a déjà de nombreux imitateurs, et personne n'hésite aujourd'hui à recourir à la submersion partout où elle est possible. Elle noie le phylloxera sans porter préjudice à la vigne, qui semble, au contraire, puiser dans l'immersion une vigueur nouvelle. Seulement, l'application de ce système ne peut être étendue aux terrains éloignés des cours d'eau, ou que leur configuration rend impropre aux irrigations. On propose, il est vrai, de faire dériver, par un canal les eaux du Rhône dans plusieurs de nos départements viticoles, et la Société des agriculteurs de France, dans sa dernière session, a recommandé ce projet à l'attention du gouvernement. On ne peut, néanmoins, se dissimuler que l'exécution en sera longue et assez dispendieuse. Il faut reconnaître, d'ailleurs, que la submersion ne sauvegardera les vignes qu'à la condition d'être renouvelée chaque année. Elle ne met pas définitivement un vignoble à l'abri des attaques du phylloxera ; mais, par une purification périodique, elle détruit l'insecte à mesure qu'il tente de s'y fixer.

» Une autre méthode, basée sur le même principe, est l'enfouissement de la partie inférieure de la tige dans une couche de sable. On a observé, en effet, que le phylloxera ne pénètre jusqu'aux racines qu'à la faveur des crevasses causées par la sécheresse dans un sol argileux. On a remarqué aussi l'immunité dont paraissent jouir les vignes dans le sable, du côté d'Aigues-Mortes par exemple, au foyer même de l'infection. Ne serait-il pas possible de fermer tout accès au phylloxera en entourant chaque cep d'une espèce de rempart de sable, où l'insecte ne pourrait creuser ses cheminements ? On a garanti plusieurs vignobles en leur créant ainsi un sol artificiel.

Certains savants ont espéré faire échec au phylloxera en acclimatant d'autres insectes en antagonisme naturel avec lui ; mais cette idée s'est trouvée, au fond, plus séduisante que solide. Où rencontrer cet ennemi qui irait combattre le phylloxera dans la profondeur du sol, qui lui serait assez semblable pour l'atteindre, assez hostile pour le détruire ? On a songé aussi à cultiver, au milieu des vignes, des plantes dont l'odeur éloignerait le phylloxera, et à semer dans les vignobles des poudres insecticides. De telles mesures seront-elles assez énergiques contre un si tenace ennemi, et ont-elles jusqu'à ce jour produit des effets appréciables ? L'emploi des engrais fortement azotés, des sels de potasse, et surtout du sulfure de carbone, expérimenté pour la première fois à Bordeaux, en 1869, par M. le baron Thénard, a donné d'heureux résultats. Toutes ces substances dégagent des gaz délétères pour les insectes, et, convenablement dosées, elles sont inoffensives pour les végétaux.

D'autres personnes conseillent d'arracher les vignes infestées et de les livrer aux flammes, avec les insectes qui sont attachés aux racines. Ce système a soulevé de graves discussions. Si le phylloxera, disent les adversaires de ce nouveau remède, n'avançait que pas à pas, on pourrait espérer l'arrêter, en créant un désert entre la frontière du pays qu'il occupe et les régions demeurées saines. Mais sa marche procède au contraire par bonds, et on le trouve au milieu de vignobles éloignés de tout centre de contagion. Peut-on être assuré de détruire radicalement les germes de tout insecte, en extirpant les seules vignes dont l'état morbide se révèle par des symptômes évidents ? N'y a-t-il pas une époque pour ainsi dire d'incubation, pendant laquelle l'animal existe sans trahir sa présence par de visibles ravages, et alors, si vous épargnez cette semence cachée, ne deviendra-t-elle pas le point de départ d'une nouvelle invasion ? Pourquoi d'ailleurs devancer en quelque sorte l'arrêt du sort et consommer d'un seul coup la ruine que le puceron n'achèverait qu'à la longue ? En se plaçant à un autre point de vue, qui n'est pas sans importance, quelles indemnités, ajoute-t-on, une telle mesure n'entraînerait-elle pas ? De pareils sacrifices ne sont-ils pas hors de proportion avec leur utilité présumée ?

» Telle a été la direction des efforts opposés immédiatement au phylloxera : on le noie, on l'asphyxie, on l'empoisonne, on le brûle. Ces procédés ont sans doute leurs avantages et nous apportent un réel secours, mais ils ne s'attaquent pas au principe du mal lui-même. Les employât-on partout, ils ne pourraient avoir partout une efficacité absolue. Un seul phylloxera suffirait, en deux ans, à renouveler la race. Peut-on espérer traiter d'une manière suffisante les espaces immenses déjà envahis ? Tout sera donc à recommencer chaque année : l'ennemi est là, menaçant, poussant de tous côtés ses masses profondes, que d'autres remplaceront sans fin, tant qu'il existera un sarment dans nos campagnes.

» Aussi, convaincus des dangers de la situation et de l'issue fatale d'un tel conflit, un grand nombre de viticulteurs ont-ils pris une autre route : ils ont cru qu'il fallait régénérer la vigne, soit par des amendements et des engrais, soit en modifiant profondément ses conditions constitutionnelles, ou en se rapprochant davantage de l'existence qu'elle aurait si elle était restée livrée à elle-même.

» On a pensé à recourir au semis. N'est-il pas, en effet, conforme au vœu de la nature, qui multiplie annuellement à l'infini le nombre des grains dont chacun porte en lui le germe d'une fécondité sans limites ? En prodiguant les semences avec une telle profusion, ne semble-t-elle pas avoir voulu indiquer à l'homme que cet humble pépin, impropre à sa nourriture, doit être utilisé par lui et rendu à sa destination primitive ? Les semis produisent à la fois des sujets plus robustes, plus souples, s'accommodant mieux aux changements de climat et de traitement. Partant de ces données, ne serait-il pas permis d'espérer que de nouveaux sujets, nés pendant l'époque que l'avenir appellera l'âge où l'ère du phylloxera, seront pourvus d'une assez grande force de résistance pour faire face à l'ennemi contre lequel leurs ascendants, âgés d'ailleurs et créés pour des temps moins difficiles, n'étaient pas suffisamment prémunis ?

Ce n'est là qu'une probabilité ; mais, quelque faible que soit une espérance, on est tenté de s'y rattacher, après que d'autres expériences ont successivement échoué. La pratique, sans doute, se plaît à déjouer les combinaisons du raisonnement, et le grand air fait évanouir bien des théories conçues dans le cabinet. Ici, cependant, la pratique semble donner raison à la spéculation, et la préférence accordée aux ceps issus de semis n'a jamais été, je crois, contestée. Deux raisons ont fait obstacle à la généralisation des

semis : la première, et la principale, est la longue enfance du sujet, qui reste
au moins cinq ans sans rien produire et qui n'est en plein rapport qu'après
un temps double, tout en exigeant des soins assidus. La seconde était le
désir de conserver la fixité de l'espèce, toujours variable à chaque généra-
tion et jamais identique à elle-même, dans l'évolution qui la reproduit. On
se disait que la perfection était atteinte, soit pour le rapport, soit pour la
qualité et le parfum. De là le désir si légitime de conserver sans altération
un trésor que tout changement devait déprécier. Mais peut-être la nature se
refuse-t-elle, au delà de certaines bornes, à prolonger l'existence des êtres
soumis à la destruction et à la mort, et n'a-t-elle voulu leur laisser recevoir une seconde vie que dans les générations qui les suivent. Peut-être
refuse-t-elle d'enrayer, par une fixité artificielle, ce vaste courant qui en-
traîne la vie dans un perpétuel mouvement. Or les provins, les marcottes,
les greffes, les boutures, les crosses, ne sont que la continuation artificielle
de l'existence du sujet dont ils sont tirés.

» D'un autre côté, ne peut-on pas supposer que les tailles nombreuses et
périodiques que subit la vigne ont fini par altérer son essence et amoindri
sa vigueur? La culture basse sur souche, qui fait d'ailleurs les meilleurs
vins, empêchant le développement normal de la plante, a peut-être, à la
longue, contribué à en détruire la force constitutive. Pourtant, atteinte au
système aérien de l'arbuste, n'en a-t-on pas en même temps affaibli le système radiculaire? Une vigoureuse vigne, poussant de plus profondes racines, ne serait-elle pas, dans sa partie souterraine, inaccessible au phylloxera? Il y a là, pour nos viticulteurs, matière à de sérieuses réflexions.
Sans essayer d'aborder ici les délicats problèmes de la taille, ne peut-on pas
conjecturer qu'en modifiant le système actuel, qui tend à réprimer l'essor
du bois pour porter sur le fruit toute l'activité de la végétation, on donnerait
plus de force à l'élément ligneux, à la séve et aux racines, si peu vulnéra-
bles dans notre mode de culture et où se concentre l'attaque du phylloxera?

» En contemplant les ravages causés par le dévastateur de nos vignes, la
pensée se reporte involontairement à deux fléaux analogues : la maladie des
vers à soie et celle des pommes de terre.

» La première a éclaté quand les magnaneries prenaient un accroissement
inconnu jusque-là et rassemblaient sur un même point les multitudes de
vers. Ni les soins hygiéniques, ni les précautions les plus minutieuses, n'ont
réussi à la faire disparaître ; elle renaît dans toute agglomération excessive,
et, seules, les petites éducations parviennent à y échapper.

» La pomme de terre était devenue la culture principale du Limousin. Le
sol humide, léger, suffisamment chaud, s'y prête merveilleusement. Elle y
était d'une abondance et d'une qualité incomparables ; elle y nourrissait
toute la population, qui avait pour elle renoncé aux céréales. Tout à coup
la fameuse pourriture se déclare.

» Vous savez la famine et l'émigration qui en furent les douloureuses conséquences. Depuis, la pomme de terre n'est plus cultivée que comme ac-
cessoire ; les céréales ont repris possession du sol, et la maladie perd peu à
peu de son intensité.

» En France, la vigne occupait plus de deux millions d'hectares, tout le Midi allait devenir un immense vignoble. A ce moment, le phylloxera apparaît.

« En rapprochant ces terribles phénomènes, quelques personnes ont voulu leur attribuer une origine commune. Suivant elles, une loi inconnue d'équilibre naturel s'opposerait à la multiplication de certaines espèces, au delà d'une limite également inconnue. De cette considération hypothétique, elles tirent la conséquence qu'il faudrait restreindre, au moins pour un temps, la culture de la vigne, en la bannissant des plaines et des terrains bas.

« Je m'arrête, Messieurs; je dois me borner ici à poser des problèmes qu'il vous appartient de résoudre. Au milieu des autorités si compétentes réunies dans cette enceinte, je viens apprendre et non pas enseigner. Je porte le drapeau; d'autres mains porteront le glaive. (Applaudissements prolongés.)

Ce discours, si élégant dans son exactitude, de l'histoire du phylloxera et des circonstances qui s'y rattachent, a vivement intéressé l'auditoire et a été salué d'applaudissements prolongés.

M. le Président a déposé sur le bureau de la Commission divers mémoires remis par leurs auteurs, ainsi qu'une carte viticole de la France, offerte par M. Zernoni, représentant de la Société d'agriculture de France.

M. Gaston Bazille, l'honorable et si justement estimé président de la Société d'agriculture de l'Hérault, à qui reviennent l'honneur et le mérite de l'organisation de ce Congrès international qui a réuni dans notre département les savants et les agriculteurs les plus distingués, accourus de tous les points de la France et des pays voisins pour arrêter l'invasion du terrible ennemi qui menace de ruiner nos plus riches et plus productives contrées, a pris ensuite la parole.

Il a fait le récit des diverses opinions qui s'étaient produites sur la cause du fléau et sur son mode de propagation. Il a insisté sur l'opinion émise par M. Dumas, avec tant de raison selon nous : « Les savants qui se sont obstinés, malgré l'évidence, à présenter le phylloxera comme un effet de la maladie, ont causé le plus grand mal à la viticulture française, en retardant les progrès de la science dans des efforts tardifs qu'elle a faits pour combattre le fléau dévastateur. »

Après ce discours, si justement applaudi, M. le Président a donné la parole à M. Léon Marès.

L'orateur s'est attaché, d'abord, à combattre le découragement qu'il regrette d'avoir constaté chez un grand nombre de propriétaires, qui, désespérant de la guérison de leurs vignes, ne font rien pour vaincre le fléau destructeur, ou tout au moins pour en entraver la marche. Il proteste énergiquement contre cette inertie, et conclut qu'il faut réagir avec vigueur. Le salut est là.

M. Marès examine ensuite les opinions émises sur la cause du mal. Les uns lui donnent le phylloxera comme unique cause, les autres admettent qu'il existait des causes qui ont prédisposé les vignes aux attaques du dangereux insecte. Cette dernière opinion est la sienne, et elle est partagée par son frère, M. Henri Marès, l'honorable secrétaire perpétuel de la Société d'agriculture de l'Hérault.

Les expériences, ajoute M. Marès, ont démontré que cette théorie est la vraie, et elles ont permis d'établir, en outre :

1° Que, dans certaines catégories de terrains, toute vigne attaquée et non défendue est perdue ;

2° Que, par leur nature et leur constitution, certains terrains ont le privilége d'échapper au mal ;

3° Que, toujours pour certains terrains, des vignes traitées résistent, d'autres périssent.

M. Marès croit qu'il faut employer, dans le traitement, un insecticide et un engrais, et fait connaître que les expériences du Mas de las Sorres ont élucidé la question cette année, en démontrant que, sous l'influence simultanée des engrais et des insecticides, les vignes atteintes ont repris leur vitalité.

D'après lui, il n'y a qu'un moyen efficace : la submersion. Dans cette opération, l'eau joue un rôle d'insecticide.

Dans sa propriété des Matelles, envahie dès le début par le phylloxera, M. Marès déclare que l'emploi de la chaux, de la potasse et de la suie, ont eu pour résultat de restreindre d'abord le mal, qui cependant continua ensuite à se manifester. Il a eu alors recours au sulfure de potassium, aux sels de Berre et au sulfate de potasse, mélangés aux engrais : ses récoltes ont été conservées.

Dans sa propriété de la Paille et dans les vignes de Launac, le sulfure de potassium et le sulfate d'ammoniaque, toujours employés concurremment avec les engrais, ont donné de bons résultats.

M. Marès termine sa communication en exposant la théorie de M. Henri Marès, qui n'admet pas que le phylloxera soit la cause unique du dépérissement des vignes, et recommande, comme donnant d'excellents résultats, les sulfures alcalins, agissant comme insecticides, et les engrais, nécessaires à la reconstitution du végétal épuisé.

M. le docteur Azan, président de la Société d'agriculture de Bordeaux, qui prend la parole après M. Marès, étudie la marche du phylloxera dans la Gironde.

L'apparition de cet insecte a eu lieu en 1865.

Ce n'est, toutefois, que vers la fin de cette année et en 1866 que le mal s'accentue, tout en progressant lentement pendant trois ou quatre années. Il s'étend ensuite en suivant une ligne allant de l'ouest à l'est.

D'abord confiné dans une région limitée, le phylloxera pénètre dans la Dordogne. En 1873, quatre-vingts communes étaient atteintes. En 1874, ce nombre s'élève à cent. On a constaté que c'est la rive droite de la Dordogne qui est attaquée. Sur la rive gauche de cette rivière, il n'y a qu'une seule petite commune envahie.

M. le docteur Azan fait remarquer que les vignobles du Bordelais qui fournissent les grands crus ont été, jusqu'à présent, heureusement épargnés, et se plaît à constater que le mal n'a progressé que lentement dans la Gironde.

Après M. le docteur Azan, M. Schneitzler, délégué de la Confédération helvétique, remercie chaleureusement M. le Président des souhaits de bienvenue qu'il lui a présentés au nom du Congrès. Il dit que, de l'autre côté des Alpes, un peuple ami pense souvent à la France.

M. le Délégué donne ensuite quelques renseignements sur la marche du phylloxera en Suisse. Trois points d'attaque seulement ont été reconnus. Une Commission, composée de trois délégués dont il faisait partie, a été envoyée dans le Beaujolais par le Conseil fédéral, pour étudier la maladie.

Les observations faites en Suisse ont démontré que les terrains argileux sont ceux que le phylloxera envahit de préférence; le climat, sur lequel on comptait pour préserver ce pays de l'invasion, n'a nullement protégé les vignobles.

M. Schneitzler répond à la question qui lui est posée par un des membres de l'assemblée, que les seuls cépages cultivés en Suisse sont des cépages indigènes.

M. Targioni Tozetti, professeur de Florence, délégué du Gouvernement italien, succède à M. Schneitzler.

Après s'être excusé de ne pouvoir s'exprimer facilement dans notre langue, le délégué italien remercie MM. les Membres du Congrès de l'accueil qui lui a été fait, et rappelle les relations de bonne amitié qui ont toujours uni la France à l'Italie, qu'il est fier de représenter dans cette solennité.

Le phylloxera n'a pas encore fait son apparition en Italie, et le savant professeur est heureux, pour son pays, de n'avoir aucun renseignement à fournir sur cet insecte. Le Gouvernement italien a invité, par circulaire, les propriétaires qui croiraient avoir constaté la présence du phylloxera à adresser au cabinet zoologique de Florence des échantillons des souches supposées atteintes et de la terre entourant les ceps. Jusqu'à présent, dit M. Targioni Tozetti, beaucoup d'envois ont été faits, mais il n'a trouvé le puceron sur aucun des échantillons qu'il a examinés.

La parole est donnée à M. Perret, qui signale la difficulté de trouver un insecticide efficace. Les insecticides, d'après M. Perret, ne peuvent avoir qu'une action partielle, et il tendrait à conclure à ce qu'on abandonnât au phylloxera le domaine qu'il a conquis, en essayant toutefois de constituer, pour les vignes qui n'ont pas été attaquées, un milieu nutritif et protecteur, composé d'insecticides et d'engrais, qui permettrait aux souches de vivre jusqu'à ce que la maladie ait disparu.

M. Perret recommande l'emploi des sulfures alcalins mélangés aux engrais.

M. Faucon, qui a attaché son nom au procédé de la submersion et vient d'être, de la part du Gouvernement, l'objet d'une distinction flatteuse et méritée, expose simplement, et avec beaucoup de clarté, les résultats des expériences qu'il a faites sur sa propriété, située dans la commune de Graveson, où il possède 21 hectares de vignes.

Son terrain est de nature calco-argileuse; ce vignoble a été attaqué en 1867, d'une façon foudroyante. Après avoir essayé d'un grand nombre de moyens, M. Faucon a eu recours à l'eau ; mais, à cause des travaux qu'il a dû effectuer, il n'a pu pratiquer la submersion qu'en 1870. Pendant les années 1868 et 1869, le savant viticulteur avait fumé ses vignes avec soin. Aucun résultat n'avait été constaté.

Les résultats obtenus par M. Faucon, dans sa vigne du mas de Fabre, sont les suivants :

Années	Récoltes
1867, avant l'invasion..........................	925 h^{res}
1868, 1re année de l'invasion, fumier, pas de submersion	40
1869, 2me année, id..........	35
1870, pas d'engrais, submersion...............	120
1871, id. — id....................	450
1872, fumure aux tourteaux......................	849
1873, fumure aux tourteaux, malgré la gelée......	736
1874, emploi de tourteaux de colza, malgré la gelée..	1175

Ces chiffres sont, on le voit, concluants et se passent de tout commentaire.

D'autres vignes de nature calco-argileuse, qui ont été bien cultivées et fumées avec soin, sans avoir subi la submersion, ont péri.

M. Faucon recommande de submerger pendant quarante jours et de choisir l'automne pour cette opération, ou bien de prolonger la submersion pendant quarante-cinq jours, si on agit l'hiver. Il est essentiel, d'après lui, de bien cultiver et d'employer les engrais en même temps que la submersion.

M. de Ricard prend la parole après M. Faucon.

M. de Ricard est le type par excellence de l'orateur méridional. Il a le geste, le mouvement et surtout une verve endiablée. Son expression vive et pittoresque, sa prononciation rapide, donnent à ses discours une teinte des plus originales et un intérêt soutenu.

La vie circule largement, on peut même dire qu'elle déborde à grands flots, dans chaque phrase. Aussi son succès a-t-il été complet. Un pareil orateur est toujours sûr d'enlever son auditoire dans toutes les régions où il lui plaira de le conduire. En fait d'éloquence, rien ne réussit comme le mouvement. Le critique lui-même est entraîné comme les autres et ne songe pas à examiner si telle métaphore n'est pas risquée, si certaines expressions ne se heurtent pas entre elles, si des mots ne hurlent quelquefois pas de se voir accouplés. L'orateur ne lui donne pas le temps de respirer ; il marche, marche, et le critique marche avec lui.

M. de Ricard établit que, d'après lui, la submersion est le seul moyen curatif. L'intelligent agriculteur entre dans de longs développements sur les applications qu'il a faites, dans toutes ses propriétés, du procédé Faucon. M. de Ricard parle avec une conviction qu'il voudrait faire partager, dit-il, à tous ceux qui l'écoutent. Il croit que le phylloxera est la seule *cause* de la mort des vignes, et que la submersion, bien pratiquée, doit toujours réussir. Si, dans certains cas, on n'a pas obtenu d'heureux résultats, c'est parce que l'opération a été mal faite.

M. de Ricard, lui aussi, recommande en même temps que la submersion l'emploi des engrais et des soins nombreux dans la culture, notamment l'ameublissement des terrains compactes, en employant la gratteuse.

L'eau, ajoute-t-il, agit à la fois comme insecticide et comme véhicule, pour porter à l'extrémité des plus profondes racines les éléments fertilisants de l'engrais.

M. l'ingénieur Dumont, l'inventeur du canal qui porte son nom avant que le premier coup de pioche ait été donné, vient développer, à l'appui de la théorie de la submersion, son magnifique projet d'un canal de dérivation du Rhône, dont les eaux, dérivées à Condrieu, pourraient submerger de 80 à 100 mille hectares de vignes situées dans les départements du Gard, de l'Hérault, de Vaucluse et dans une partie de celui de la Drôme.

Le savant ingénieur fait observer que la destruction des vignes serait pour la France, dont la production vinicole est de 30 à 35 millions d'hectolitres, un véritable désastre, qu'il faut conjurer au plus tôt, en hâtant l'exécution de son vaste projet.

M. Dumont énumère les avantages des travaux projetés, dont le principal est la préservation et la guérison des 80 mille hectares de vignes qui peuvent être submergés. Le canal, qui permettra la submersion en hiver, rendra possible, en été, l'arrosage de 50 mille hectares de terrain, et par conséquent favorisera la création de cultures qui ne peuvent réussir sans le secours de l'eau.

D'après les devis sérieusement établis, la dépense totale à faire s'élèverait à 100 millions, dont 80 millions pour le canal principal et 20 pour les rigoles secondaires.

En admettant la submersion de 80 mille hectares, et en faisant payer aux propriétaires l'abonnement au prix réduit de 50 francs l'hectare, le revenu serait donc de 4 millions; mais à ce chiffre il faut ajouter le produit de l'arrosage de 50 mille hectares, qui, toujours à raison de 50 francs l'hectare, donne le chiffre de 2,500,000 francs : en tout, 6 millions cinq cent mille francs.

M. Dumont fait observer, en outre, qu'il sera possible de distribuer aux localités ayant un niveau convenable environ 10 mètres cubes d'eau par seconde, et que ce volume d'eau, vendu aux tarifs habituels, représenterait un revenu de 10 millions environ.

Les produits du canal seraient donc considérables et assurés.

A ce projet, accueilli avec enthousiasme par les quatre départements, plusieurs objections ont été faites, notamment celle que la Chambre de commerce de Lyon a présentée relativement à la diminution du tirant d'eau du Rhône. M. Dumont dit que, lorsque son niveau s'élève à un mètre au-dessus de l'étiage, ce fleuve roule 840 mètres cubes d'eau par seconde, et que, par conséquent, la dérivation de 60 mètres cubes par seconde qui lui sont nécessaires ne saurait exercer une influence fâcheuse sur le tirant d'eau ; qu'au surplus, son projet a été établi en supposant un niveau normal de 2 mètres 10 centimètres au-dessus de l'étiage, et que 1 mètre suffirait largement.

Une autre objection est celle qui consiste à dire que les vignes seront mortes d'ici à ce que le canal soit exécuté. L'auteur du projet répond, avec raison, qu'il faudra bien replanter les vignes, et qu'au surplus, l'eau permettra de développer la culture des fourrages, par suite l'élevage du bétail et la production des fumiers, que nos départements sont obligés d'aller chercher à grands frais au dehors.

La question vaut la peine d'être sérieusement étudiée. Le canal permettrait, en effet, d'arroser 80,000 *hectares* de terrain de première qualité, qui rapporteront certainement 150 hectolitres par hectare, soit 12 millions d'hectolitres, c'est-à-dire 1/5 de la production actuelle de la France entière. Ajoutons que l'impôt prélevé par l'État, sans compter l'impôt municipal, atteindrait le chiffre de 50 *millions* ; car le droit de circulation, étant en moyenne de 2 fr. 50 par hectolitre, s'élèverait à 25 millions. Le droit de consommation, et surtout le droit de détail, qui est de 2 % *ad valorem*, ferait plus que doubler le produit du droit de circulation.

En terminant, l'orateur demande au Congrès d'adresser au Gouvernement un vœu tendant à la prompte exécution du canal projeté. Malgré les observations de l'un des membres, qui conclut au rejet de la proposition, en s'appuyant sur ce qu'il n'appartient pas au Congrès d'émettre un vœu ayant trait à une opération industrielle, l'Assemblée, consultée, vote à une immense majorité dans le sens de la demande présentée par M. Dumont.

M. Millet prend la parole, en déclarant qu'il ne vient pas combattre le projet de M. Dumont, mais présenter quelques observations qu'il résume ainsi :

1° La vigne n'est pas un végétal aquatique, et doit être fâcheusement influencée par une humidité excessive.

Les expériences de M. Millet sur les végétaux forestiers lui ont démontré que la submersion abrège la vie des végétaux non aquatiques.

2° La dépréciation dans la qualité des vins.

Toujours d'après ses observations, M. Millet affirme que la qualité du vin est peu satisfaisante dans les localités submergées.

3° Les gelées printanières doivent produire des effets nuisibles sur les végétaux imprégnés d'eau, et il est à craindre qu'au mois de mai, époque des gelées, les vignes snbmergées ne soient fâcheusement impressionnées par ces gelées.

Ainsi, en Champagne et en Bourgogne, où les gelées sont parfois très-énergiques, il a remarqué que le dégel avait pour les végétaux imprégnés d'eau de mauvais résultats.

4° Enfin, la salubrité publique ne se ressentirait-elle pas de l'immersion de grandes surfaces pendant l'hiver et des grands arrosages de l'été ?

M. de Ricard réfute avec vigueur ces objections et tend à établir que ses observations personnelles lui ont démontré qu'elles n'ont rien de fondé.

M. le baron de l'Espine, président de la Société d'agriculture du département de Vaucluse, soutient avec énergie le projet Dumont. Il signale ce fait remarquable, que les neuf dixièmes des vignobles de son département ont péri, et que le dixième conservé est constitué par des vignes submergées, voisines de la Durance et du Rhône.

Il constate que, dans son département, sillonné de canaux et traversé par deux grands fleuves, l'état de la salubrité est très-satisfaisant.

M. le docteur Menudier, de la Charente-Inférieure, donne des détails intéressants sur l'invasion du phylloxera dans les Charentes.

Le phylloxera n'y a fait son apparition que vers 1870 à 1871. Les terrains envahis sont principalement constitués par la craie grise. Dans ces terrains, les racines poussent peu profondément et sont, par suite, facilement atteintes.

L'orateur établit que le territoire de Cognac est très-attaqué, et il se demande si l'on ne peut pas trouver la raison de cet envahissement dans ce fait, que les vignobles de ce territoire sont plantés depuis un temps immémorial ; que les vignes ont été plusieurs fois replantées, et si, en ne restituant pas au sol les éléments qui lui ont été enlevés, on n'a pas affaibli la vigne de façon à la rendre plus facilement attaquable par l'insecte dévastateur.

Le phylloxera, ajoute le docteur Menudier, est signalé dans les environs de Saintes, où se trouvent des terrains essentiellement calcaires.

Les essais tentés avec le guano, l'engrais Fichet, les cendres, la suie, et par des plantations intercalées entre les lignes de souches, ont donné peu ou point de résultats. On a aussi essayé avec un peu plus de succès, mais sans résultats concluants, le sulfure de carbone et le sulfo-carbonate de potassium. Sous l'influence du sulfure de carbone, l'insecte a été tué, mais a reparu dès que l'action de cet agent a cessé.

M. Menudier croit qu'on pourrait peut-être obtenir de bons résultats en pratiquant dans les vignes des rigoles de dimensions variables suivant les terrains, et dans lesquelles ont répandrait de l'urine et du fumier. Par ce procédé, l'auteur croit qu'on donnerait aux vignes la force d'attendre que le mal ait disparu.

M. Charles Monestier, notre compatriote, qui a fait tant de courageux efforts pour vulgariser la guérison de la vigne par le sulfure de carbone, a pris la parole et exposé son système, en s'efforçant de lui rallier une faveur qui semble l'abandonner sans motifs peut-être suffisants.

Il a indiqué le résultat de ses longues recherches et décrit les expériences qu'il a pratiquées sur une grande échelle dans plusieurs grands vignobles de l'Hérault, notamment à Caunelles, domaine appartenant à M. le marquis de Saint-Maurice.

M. Monestier a constaté que, par l'application du sulfure de carbone mélangé à des huiles lourdes, destinées à tompérer l'action par trop énergique de ce corps et à en ralentir la vaporisation de façon à prolonger l'action du mélange insecticide, le phylloxera avait été détruit et que la végétation avait repris de l'activité. Le liquide était répandu dans des trous pratiqués au moyen du pal.

Le principe de M. Monestier est d'agir sur le végétal de bas en haut, en développant, au moyen du sulfure de carbone, produit volatil qu'il a choisi de préférence à tout autre, à la suite d'expériences multipliées, une atmosphère toxique gazeuse, qui fait périr le phylloxera sans porter atteinte à la vigne.

Ces expériences seront sans doute reprises et poursuivies de façon à permettre d'en tirer des résultats définitifs.

M. Monestier aurait pu demander au Congrès de visiter les vignes qu'il a traitées, au lieu des expériences qui lui ont été refusées par un vote, légitimé par cette considération qu'il n'était pas dans les attributions du Congrès de faire faire de nouvelles expériences.

M. le Président ayant interdit la lecture des discours, pour abréger la durée des communications, M. Monestier a dû se contenter de dire quelques mots de sa méthode.

Il a bien voulu, sur notre demande, nous adresser le discours qu'il avait l'intention de lire. Nous l'en remercions et reproduisons *in extenso* cette importante communication, qui contient l'exposé de sa méthode et le résultat de ses expériences.

« J'ai défini en quelques mots le procédé dont je vais avoir l'honneur de vous entretenir:

» Destruction du phylloxera par la production, dans le sein même du sol,
» d'une atmosphère toxique, formée de gaz ou de vapeurs créés par des
» composés volatils ou gazogènes, liquides ou solides, introduits à une certaine
» profondeur, c'est-à-dire au-dessous des racines.

» Telle est la définition du principe que j'ai conçu, divulgué, longuement expérimenté et, finalement, appliqué sur une grande échelle.

» Je désire qu'il soit bien entendu que je n'ai jamais eu la prétention de créer tel ou tel produit, ou découvrir dans un produit des qualités nouvelles. Ma seule prétention est d'avoir trouvé une idée pour combattre le phylloxera. De cette idée sont nés tous mes travaux.

» Il y a près de deux ans, une étude comparée des procédés mis en usage contre le phylloxera me permit de me convaincre de leur inutilité ou de leur insuffisance.

» Tous les expérimentateurs plaçaient des agents toxiques autour du col de la souche et espéraient, en vain, de voir leur action se produire sur toutes les racines.

» De l'examen et de mes réflexions sur la cause de ces insuccès surgit une idée qui fait l'originalité de mon système :

» L'insecte qui dévore la vigne doit être attaqué de bas en haut.

» Ce principe s'impose tellement par son évidence, que sa divulgation fut accueillie avec une grande faveur, je ne crains pas de le dire.

» En effet, afin de combattre avec succès le phylloxera en agissant contre lui de haut en bas, l'eau est le véhicule indispensable, et vous savez tous, Messieurs, que l'eau est infiniment rare dans la plupart des pays de vignoble.

» Au contraire, d'après la pensée qui avait surgi dans mon esprit, il devait suffire de faire parvenir sous les racines des souches des corps quelconques capables de produire des gaz ou des vapeurs toxiques, qui, se confondant avec l'atmosphère souterraine, formeraient une atmosphère mortelle pour le phylloxera.

» A peine ma théorie est-elle conçue, je l'expérimente maintes et maintes fois dans mon laboratoire:

» Dans un vase plein de terre, dans laquelle je plaçai préalablement des racines et des radicelles phylloxérées, j'injectai de l'acide sulfureux par un orifice placé à la partie inférieure du vase : le succès couronna toujours mes expériences. Mais l'acide sulfureux, agent commode pour me démontrer la réalité de mes espérances, me parut nécessiter de trop grands frais pour pouvoir être recommandé aux viticulteurs. Je l'abandonnai, et pensai alors à un agent énergique que j'avais depuis longtemps sous la main, dont j'avais moi-même éprouvé douloureusement les effets, agent dont la tension de vapeur est très-considérable: je veux parler du sulfure de carbone.

» Cet agent fut essayé dans les vignes du mas de Poujol, où je fis de nombreuses expériences avec l'appui intelligent de MM. d'Ortoman et Lautaud. Ces expériences furent audacieusement faites sur des rangées de vingt, trente, quarante souches, toujours séparées les unes des autres par des souches laissées en proie au phylloxera. Les doses introduites sous les racines étaient de 100, 200, 300, 400, 500 grammes.

» Le succès fut tel que, lorsque M. Gaston Bazille me fit l'honneur de visiter nos travaux, après avoir comparé l'état des souches traitées et l'état de celles qui ne l'étaient pas, il exprima la crainte que mon mode de traitement, qu'il ne connaissait pas encore, fit disparaître le phylloxera sans le tuer. Après plusieurs contre-expériences faites sur des souches désignées et marquées, M. Gaston Bazille voulut bien affirmer le succès de mon procédé par une lettre insérée dans les trois journaux de Montpellier, le 13 août 1873. Cette lettre, signée par un homme si compétent dans les questions agricoles, fut accueillie avec enthousiasme par nos populations, menacées d'une ruine prochaine. Pour moi, je ne me dissimulai pas un seul instant que je ne faisais qu'indiquer un principe nouveau. Ouvrir une voie nouvelle et certaine aux expériences scientifiques, tel était mon but.

» Il semble qu'un système apparaissant sous d'aussi sérieux auspices devait être mis sérieusement à l'étude. Eh bien! non, Messieurs; malgré les conseils donnés par un membre de l'Institut, M. le baron Thénard, un insuccès suffit pour faire abandonner mon procédé... Que dis-je ? abandonner ! Il fut classé, dans un rapport officiel, parmi les systèmes dangereux.

» Cet insuccès bruyamment exploité contre moi ne me découragea pas.

» J'eus recours, à Paris, à un ami dont les conseils ne m'ont jamais fait défaut, à M. Vidau, alors attaché à l'hôpital militaire du Val-de-Grâce, ami auquel je dois tant, que ce n'est que par suite de ses refus que je n'ai pas inscrit son nom à côté du mien quand j'ai divulgué mon procédé. Il m'indiqua une série de corps qui pourraient servir ma théorie, notamment l'hydrogène arsénié; néanmoins il s'opposa énergiquement à l'abandon du sulfure de carbone.

» Je reviens à Montpellier; je me remets à l'œuvre, et, modérant la trop grande énergie du sulfure de carbone à l'aide du pétrole et du goudron de houille, je démontre dans les vignes de Fondaurelles, pendant le mois de décembre 1873, la puissance toxique de mes nouveaux mélanges.

» La démonstration put être appelée complète. Des membres de la Société d'agriculture de l'Hérault, de grands propriétaires du département et des départements voisins, s'étant livrés pendant plusieurs heures à de minutieuses recherches, purent à peine découvrir quelques rares insectes vivants.

» On me concéda alors que mes mélanges exercent une action mortelle contre les pucerons.

»Mais ne seraient-ils pas mortels aussi pour l'arbuste, qu'il s'agit de protéger ?

Grâce à l'heureuse et bienveillante intervention de M. le marquis de Saint-Maurice, j'ai pu faire une réponse probante et éclatante à cette question.

» M. le marquis de Saint-Maurice, sans se préoccuper des pertes que lui occasionnerait un échec de ma part, échec à la possibilité duquel je ne croyais pas, mais hautement prédit par d'autres, mit dix mille souches à ma disposition. Je les soumis à mon traitement à la fin du mois de janvier et au commencement de février 1874, et j'attendis le printemps avec la plus entière confiance. Ceux qui ont suivi cette belle opération certifieront avec moi que la reprise de la végétation a été plus hâtive dans cette vigne que dans les vignes voisines. On a introduit 80 grammes au pied de chaque souche, plus rien n'a été fait pendant l'année pour préserver la vigne, et pourtant le succès a été assez grand pour que M. de Saint-Maurice m'ait adressé l'attestation suivante :

« Montpellier, le 28 septembre 1874.

» Je déclare avoir employé le système de M. Monestier dans une vigne de
» treize séterées du domaine de Caunelle, commune de Juvignac. J'ai eu à
» me louer d'avoir employé ce moyen de guérison. L'insecte est très-rare;
» les souches, très-malades l'année dernière, repoussent; elles sont vertes
» et, malgré une végétation peu brillante, elles ont pu nourrir leur récolte.
» J'avais eu, l'année dernière, vingt pastières de raisin dans cette vigne.
» Cette année, la récolte est de dix-neuf pastières, et j'ai eu un peu de grêle.

» Marquis DE SAINT-MAURICE. »

» L'opération faite chez M. de Saint-Maurice a eu pour l'avenir de ma théorie de très-grandes et très-heureuses conséquences. La vigne de Caunelle est éloignée de quelques kilomètres à peine de St-George, le territoire aux vins précieux. St-George est envahi par le phylloxera. Aussi les propriétaires de ce village suivirent avec une attention constante les effets de mes toxiques sur les souches de M. de Saint-Maurice. Convaincus par les résultats de leurs examens presque journaliers, ils ont adopté notre mode de traitement, en même temps que l'adoptait, sur un point très-éloigné de là, M. Louis de Plantade, dans son domaine de Rondelet.

J'ai reçu de ces Messieurs la constatation suivante :

« MONSIEUR,

» Depuis le jour où vous avez fait connaître votre procédé pour détruire
» le phylloxera, il a été indiqué une foule de moyens pour débarrasser la
» vigne de cet insecte.

» Après de sérieuses observations, nous avons cru reconnaître que votre
» système est, de tous, le plus rationnel et le plus pratique.

» Nous avons reconnu et nous affirmons qu'il réunit les conditions sui-
» vantes :

» 1° Il ne nuit pas à la végétation ;

» 2° Grâce à votre idée, l'insecte est attaqué de toute part ; une grande
» partie des pucerons est détruite ;

» 3° Dans les vignes nouvellement attaquées, votre procédé arrête les
» progrès du fléau.

» Portez sérieusement votre attention sur les moyens de prolonger l'action
» toxique de vos mélanges.

» Nous espérons que, persistant dans vos travaux, vous perfectionnerez
» encore un système qui a déjà donné de très-beaux résultats et qui est ap-
» pelé, nous en avons la conviction, à rendre au pays de grands services.

» Louis de Plantade (domaine de Rondelet), — D. Gordon, — U. Courty,
» — Et. Courty, — Jules Brousse, — A. Poujol, — Cambon, — A. Daus-
» sargues, — Daussargues cadet, — F. Allien, — Viala, — Eug. Delgrès,
» — Dieudonné Rouvier, — Albert Icard, propriétaires à St-George. »

» Permettez-moi, Messieurs, de vous lire aussi les lettres de deux membres du Conseil général de l'Hérault. La propriété de l'un de ces Messieurs
est aux portes de Montpellier, l'autre est bien loin d'ici, dans le territoire de
Montagnac.

« Montpellier, le 28 septembre 1874.

» Mon cher Monestier,

» Je suis très-heureux de vous faire savoir que les expériences que j'ai
» faites chez moi contre le phylloxera, en employant vos mélanges, ont donné
» de très-bons résultats. Je les fis à trois reprises : la première, au mois de
» mars dernier ; la seconde, au mois d'avril ; la troisième, au mois de mai.
» La première fut faite sur 5,000 souches environ, qui n'étaient infestées que
» depuis peu de temps ; là le mal n'a fait aucun progrès, j'y ai eu une très-
» belle récolte.

» La seconde fut faite sur 2,000 souches environ qui, l'année passée, avaient
» à peine poussé, étaient jaunes et présentaient tous les caractères d'un
» complet dépérissement ; à tel point que ceux qui me virent faire cette expé-
» rience me dirent : « Vous expérimentez sur un cadavre ; il est complétement
» impossible que ces souches fournissent jamais une végétation quelconque. »
» Aujourd'hui, certes, elles n'ont pas poussé des sarments de deux mètres
» de longueur, mais je ne saurais mieux vous faire connaître leur état qu'en
» les comparant à un jeune plantier d'une année : elles sont très-vertes et
» présentent tous les caractères d'une végétation vigoureuse.

» La troisième, faite au mois de mai, me paraît la plus concluante de toutes,
» et j'ose dire que tous ceux qui voudraient se transporter chez moi, fussent-
» ils aveuglés par la plus grande méfiance, seront obligés d'ouvrir les yeux à
» la lumière.

» J'ai fait cette expérience sur 1,500 souches environ, placées au milieu

» d'une grande vigne, dans laquelle on aperçoit de tous côtés les atteintes du
» mal. Ces 1,500 souches, à cette époque de l'année où les vignes phylloxérées
» perdent leurs feuilles, présentent une végétation aussi vigoureuse et une
» verdeur aussi remarquable qu'au mois de mai.

» J'ajoute en terminant que, sur près de 8,000 à 9,000 souches que j'ai trai-
» tées, aucune n'est morte par suite de l'application de votre système. Quel-
» ques jours après l'expérience, vingt-cinq ou trente souches me parurent
» fortement ébranlées et prêtes à se dessécher; mais, depuis, elles ont com-
» plétement repris leur vigueur et sont aussi belles que les autres.

» En somme, je ne saurais trop me féliciter d'avoir eu confiance en vous,
» lorsque vous m'avez dit en ami : Essayez sans crainte.

» Recevez mes remerciements les plus sincères, et permettez-moi d'espérer
» que bientôt l'évidence et la nécessité, surtout, obligeront les plus incrédules
» à vous rendre pleine et entière justice.

» Recevez l'assurance de mon amitié sincère.

» Tout à vous,

» GALTIER,

» Membre du Conseil général. »

« Mèze, le 29 septembre 1874.

» MON CHER MONSIEUR MONESTIER,

» Je suis heureux à tous égards, et pour vous, et pour les viticulteurs,
» de vous annoncer que l'emploi de votre procédé a réussi dans mes vi-
» gnobles.

» J'ai suivi vos opérations dès leur début, et, aujourd'hui que le but est
» atteint, je vous écris, affirmant que le résultat en est des plus satisfaisants.

» Recevez, mon cher Monsieur Monestier, mes biens affectueux remerciements.

» A. BOULIECH,

» Membre du Conseil général. »

» Voilà des résultats obtenus sur plus de cent mille souches par ce système, solennellement classé parmi les systèmes dangereux.

» Il est énergique contre le phylloxera;

» Il ne nuit pas à la végétation ;

» Il est économique, et ne passe le prix de 10 c. par souche.

» Maintenant, je me demanderai avec vous, Messieurs, si mon système
est complet.

» Je répondrai : Non.

» Je crois d'abord qu'il faut avoir le soin, pour rendre mon mode de traitement irréprochable, de placer autour du col de la souche du fumier chargé de
substances toxiques, afin de couper la retraite aux phylloxeras qui fuient
l'influence mortelle du gaz, inconvénient que je signalais à l'avance dans
une lettre que j'adressais à M. Vidau, dès le mois de mars 1873.

» Je crois qu'il faut déterminer le nombre et les époques des opérations.

Pour mon compte, je conseillerai toujours deux opérations, l'une pendant l'hiver, l'autre pendant le mois de mars ou d'avril.

» Je répèterai, en me servant des expressions de M. Vidau, qu'il est encore un point important à fixer dans l'emploi de mes mélanges volatils : je veux parler du rapport pondéral qui doit exister entre la substance la plus volatile ou celles qui le sont le moins. On ne peut guère, à cet égard, poser de règle absolument fixe, et l'on comprend que la composition du mélange varie avec la saison, la nature du sol, l'état de la vigne et quelques autres considérations de ce genre ; d'une façon générale, la tension de la vapeur mixte du mélange devra se trouver en raison inverse de la température ambiante, de la porosité du sol, du degré d'affaiblissement qu'aura atteint la végétation.

» M. le baron Thénard voulait que ces études fussent faites l'année dernière. Ses conseils n'ont pas été écoutés; je le déplore. Vous comprendrez facilement, Messieurs, que, si ces études et ces travaux ne sont pas au-dessus de ma bonne volonté, ils soient au-dessus des forces et des moyens d'un homme, quel qu'il soit, livré à lui-même. Je ne saurais trop attirer votre attention sur ce point.

» Si j'ai pu continuer mon œuvre jusqu'ici, je le dois à la salutaire intervention, dans ma vie, de M. le docteur Gordon, de M. le docteur Combes, de M. de Saint-Maurice.

» Permettez-moi, Messieurs, de leur donner ici un témoignage public de reconnaissance.

» Aujourd'hui j'ai prouvé que, en indiquant le principe du traitement de la vigne de bas en haut, j'avais raison théoriquement et expérimentalement.

» Je révélais, l'année dernière, au mois d'août, avec l'espoir de voir mon nom inscrit parmi les noms des hommes utiles à leur pays, mon secret à M. Gaston Bazille et à M. l'Inspecteur général de l'agriculture, qui préside aujourd'hui cette séance solennelle ; je révélais alors un principe plein de promesses, corroborées par des expériences heureuses.

» Aujourd'hui ce principe a produit ce que j'attendais de lui; aussi, dans l'intérêt de la vigne qui se meurt, ravagée, dévorée, je renouvelle l'appel que j'ai fait à la science en 1873.

» Certes, tant qu'on ne livrera au puceron dévastateur que des combats isolés, l'emploi de mon procédé, comme de tout autre du reste, sera un impôt annuel lourd et onéroux pour le propriétaire; mais il faut espérer qu'enfin, grâce à vous, Messieurs, vont être prises des mesures efficaces, pratiques, pour éloigner de nos vignobles la ruine qui les menace.

» Vous serez de mon avis, je le pense, lorsque j'affirmerai que, jusqu'à ce moment, beaucoup de temps a été perdu en expériences de laboratoire plus ou moins sérieuses, en vains discours, en mesquines compétitions.

» Et pourtant plusieurs départements sont ruinés, d'autres sont sur le point de l'être.

» Vous êtes réunis en Congrès, Messieurs; voulez-vous que cette réunion, qui renferme tant d'hommes remarquables par leur science, par leur amour du bien public, ne soit pas inutile, et que de ses décisions surgisse le salut? De même que vous émettez un vœu pour avoir des millions pour la construction du canal Dumont (grand et utile projet), faites accorder deux cent mille francs pour qu'on puisse se livrer immédiatement à des expériences comparatives.

» Ces 200,000 francs votés, on choisira dans toutes les régions envahies par le phylloxera, dans le Var, dans Vaucluse, en Suisse, dans l'Hérault, dans le Gard, de vastes étendues de vignes; distribuez-les par égales parts aux auteurs de quelques systèmes qui paraissent offrir quelque chance de succès.

» A la suite d'opérations multipliées, et faites dans les terrains les plus variés par leur nature, on saura quel est le système le plus efficace, le plus généralement applicable, le plus économique ; et alors, en vertu de la légitime autorité que vous donnent vos noms illustres et respectés, en vertu de l'autorité que vous donne votre science, vous indiquerez au cultivateur, qui attend son salut de cette réunion, le système qu'il doit définitivement et invariablement adopter.

» Mais vous ferez plus, Messieurs :

» Attendu que, dans notre pays surtout, l'initiative privée est souvent paresseuse, vous ferez un appel à l'État, aux Conseils généraux; vous provoquerez la mise en action de mesures énergiques, simultanées, souvent répétées, répétées jusqu'à la disparition complète du phylloxera.

» On dépensera quelques millions, mais votre intelligente initiative en sauvera des centaines, car vous conserverez une des plus grandes sources de richesse de notre beau et malheureux pays.

» Tels sont mes vœux.

» Pour mon compte, je continuerai l'œuvre que j'ai commencée, jusqu'au jour où il me sera prouvé qu'un procédé supérieur au mien a été trouvé. Ce jour-là, je me réjouirai et j'abandonnerai mes travaux.

» Je résume en deux mots tout ce que j'ai eu l'honneur d'exposer devant vous :

» Au commencement de 1873, j'ai conçu l'idée du traitement de la vigne de bas en haut ; j'ai démontré la vérité de cette théorie à l'aide de l'acide sulfureux dans mon laboratoire, à l'aide du sulfure de carbone pur dans les vignes du mas de Poujol.

» Au mois d'août 1873, j'ai subi un échec retentissant à Saporta, sur soixante souches; mais, depuis, j'ai démontré la vérité de ma théorie : à Paris, dans les serres du jardin du Luxembourg, à l'aide de l'hydrogène arsénié; dans les vignes de M. d'Ortoman, à l'aide du sulfocarbonate de potassium; que M. Paul de Girard, conseiller général, me conseilla d'employer vers la fin de 1873.

» J'oppose surtout à l'échec de Saporta mes succès obtenus sur plus de cent mille souches, à Caunelle, à Saint-Georges, à Rondelet, dans le domaine de M. Bouliech, dans le domaine de M. Galtier.

» J'ajouterai que je ne connais pas de système plus économique que le mien.

» Je vous ai raconté mes travaux.

» Des idées opposées aux miennes vous seront proposées. J'ai le plus grand respect pour des rivaux qui veulent, comme moi, être utiles à leur pays.

» Je suis sûr que, comme moi, ils vous demanderont des applications comparatives, dont j'ai eu l'honneur de vous soumettre l'idée. Nous saurons tous ainsi, et bientôt, par qui et comment la vigne sera sauvée[1]. »

Le discours de M. Coignet clôt la séance. Cet honorable agriculteur fait remarquer que tous les savants et les viticulteurs tendent à conclure à l'emploi simultané d'un engrais et d'un insecticide.

Il fait remarquer qu'un engrais, pour être efficace, doit contenir de l'azote, de la potasse et de l'acide phosphorique, et indique que l'emploi de certains coaltars lui a été conseillé par un savant distingué. M. Coignet fonde des espérances sur une huile particulière qu'il doit expérimenter.

La séance est renvoyée au lendemain à une heure, pour les excursions dans les environs.

Deuxième Journée

La deuxième journée devant être consacrée à des excursions dans les environs de Montpellier, l'hôtel Nevet avait été désigné comme point de rendez-vous. Le départ a eu lieu à une heure.

MM. les Membres du Congrès étaient nombreux, et cette excursion, favorisée par un temps magnifique, a été aussi agréable qu'intéressante.

C'était vraiment un coup d'œil curieux que cette longue file de voitures, où les élégants équipages de maître se mêlaient aux fiacres modestes et aux omnibus de tout modèle.

[1] Dans la séance du Conseil général de l'Hérault du 8 novembre, M. Oustrin, conseiller général, donna communication d'une lettre de M. Monestier, dont l'objet est d'attirer l'attention du Conseil sur les applications de son système, qu'il se propose de faire chez MM. Gaitier, Gordon et Bouliech.

Le Conseil décide qu'une Commission sera chargée de suivre et de contrôler les travaux de tous les expérimentateurs qui s'adresseront à cette Commission.

Afin de donner une consécration plus grande et une notoriété complète aux expériences provoquées par la présente résolution, un Congrès interdépartemental sera convoqué pour le 25 juin prochain.

Les départements appelés par le Conseil général de l'Hérault à prendre part à ce Congrès sont : 1° le Var, 2° les Bouches-du-Rhône, 3° Vaucluse, 4° le Gard, 5° l'Hérault, 6° l'Aude, 7° les Pyrénées-Orientales.

Chacun de ces départements sera représenté par deux délégués, et ce Congrès se réunira à Montpellier, point central des pays envahis.

Pour nous, nous félicitons M. Monestier de l'initiative qu'il a prise. Son exemple sera certainement suivi, et, avant la récolte prochaine, nous pourrons, il faut l'espérer, savoir quel est, de tous les systèmes proposés, celui qui donne des résultats concluants.

Nous avons entendu un des curieux qui assistait au départ des membres du Congrès répondre à un passant, qui lui demandait quel était ce cortége : « C'est un enterrement! »

Que n'était-ce, en effet, l'enterrement du phylloxera !

On s'est rendu d'abord à la propriété de M. Fabre, située dans la commune de Saint-Clément : cette commune est une de celles qui ont le plus souffert du phylloxera. M. Fabre, agriculteur distingué, a vu dans les cépages américains le salut de son exploitation viticole à peu près perdue, et qu'il cherche à reconstituer par la substitution des plants américains aux plants indigènes.

M. Fabre a exposé, avec autant de clarté que de savoir, aux visiteurs, qu'il a reçus avec la plus parfaite courtoisie, les considérations qui l'ont conduit à introduire dans son domaine la culture de ces nouveaux cépages. C'est peu à peu qu'il a acquis la conviction que certains plants américains avaient la propriété de résister au phylloxera; et ce n'est qu'après avoir bien étudié cette question importante, qu'il s'est décidé en faveur de ces cépages exotiques.

M. Laliman fut le premier qui lui en conseilla l'application; bientôt après, M. Riley lui fit connaître qu'il existait en Amérique des cépages qui résistaient aux attaques d'un insecte particulier qui avait envahi les vignobles américains. Les études auxquelles se livra le savant professeur M. Planchon, dans le voyage qu'il fit en Amérique, démontrèrent que cet insecte est le même que celui qu'il avait découvert; et cette assertion fut complétement vérifiée lorsque, à leur arrivée en France, MM. Riley et Planchon parcoururent la Gironde, et reconnurent que l'insecte de nos départements est bien le même que celui qui ravageait la Gironde et le même aussi qu'ils avaient trouvé en Amérique.

On pouvait donc, *à priori*, supposer que les cépages qui résistent au phylloxera en Amérique pourraient, avec avantage, être cultivés en France.

Pénétré de cette idée, M. Fabre n'hésita pas à passer de la théorie à l'application : il fit venir des plants américains et commença à les expérimenter.

Les résultats de ses expériences ont été des plus concluants : les cépages américains plantés par lui, dans les parties de ses vignobles où le phylloxera faisait le plus de ravages résistèrent à ses atteintes et démontrèrent, par la puissance de leur végétation, que le dangereux insecte était sans action sur eux.

M. Fabre fit ses plantations sur une plus grande échelle, et aujourd'hui il a dans sa propriété 150,000 plants américains, qui, tous, ont prospéré. M. Pagezy et plusieurs propriétaires voisins ont répété, avec le même succès, les essais qu'il leur avait conseillés.

M. Fabre fait observer qu'il est important de bien choisir l'espèce du cépage ; d'après lui, les Clintons sont ceux qui donnent les meilleurs résultats. Plantés en bouture, ils réussissent très-bien ; tandis que la plantation en boutures de certaines autres variétés exige l'emploi de serres chaudes, qui est d'une application coûteuse et difficile.

La variété dite *des Æstivals* est dans ce cas, et ces cépages doivent, pour prospérer, être employés en plants enracinés, dont le prix est fort élevé.

M. Fabre, voulant économiser les frais d'arrachage et de plantation et obtenir dans peu de temps la reconstitution des vignobles malades, conçut l'idée d'opérer par le greffage, qui permet de substituer rapidement à une vigne malade et incapable de résister aux atteintes du phylloxera une vigne bien portante, et pouvant vivre malgré la présence de l'insecte.

En greffant, en effet, à 25 centimètres de profondeur, une bouture de Clinton sur une souche attaquée par le phylloxera, mais ayant encore assez de vitalité, on utilise en faveur du nouvel individu le restant de séve que possédait l'ancien.

A cause de l'état de dépérissement par trop avancé de la plus grande partie de ses vignes, M. Fabre n'a pu appliquer sur une grande échelle cette théorie, qu'il croit devoir conseiller pour les vignes dans lesquelles le mal n'a pas encore fait de trop grands progrès.

M. Fabre nous a montré de magnifiques échantillons de ses cépages américains obtenus par boutures et par greffage. Chez tous, nous avons remarqué une végétation parfaite et le développement de longues radicelles, signe certain du parfait état de prospérité de la souche.

M. Fabre répète, en terminant, qu'il est entièrement convaincu que l'introduction, dans nos pays, de cépages américains, et notamment des Clintons, est le salut de nos vignes ; et qu'en admettant même que le vin obtenu soit de qualité un peu inférieure à celle que fournissent les plants indigènes, on sera sûr au moins de conserver les récoltes.

Du domaine de M. Fabre, MM. les Membres du Congrès sont allés visiter l'École d'agriculture de la Gaillarde.

Les membres du Congrès ont été reçus avec la plus grande amabilité par MM. le Directeur et les Professeurs de l'école.

Cet établissement, dont la création est un bienfait pour notre département, a été construit d'après le projet d'un architecte distingué, M. Bézinet, architecte départemental, connu par ses remarquables travaux.

Le bâtiment principal renferme les salles de collections et l'amphithéâtre, où sont faits par des professeurs éminents des cours si intéressants de cette école.

Les autres bâtiments sont consacrés à la station séricicole, à la bergerie, à la vacherie, à la porcherie et aux instruments agricoles.

Après une visite aux vignes de l'École. MM. les Membres du Congrès ont repris le chemin de Montpellier, où ils rentraient à cinq heures et demie du soir.

DEUXIÈME SÉANCE

M. le Secrétaire de la Commission donne lecture du procès-verbal de la première séance générale, qui est adopté.

Quelques observations sont ensuite présentées par M. Gaston Bazille, vice-président, relativement à l'itinéraire qui sera suivi dans les excursions auxquelles seront consacrées la matinée du lendemain et la journée du samedi, qui sera employée à visiter les chaix les plus importants de Cette et de Mèze.

Le compte rendu de la première séance viticole est ensuite lu par le secrétaire-rédacteur. M. Drouyn de Lhuys demande que les éloges, bien mérités cependant, qui lui sont adressés dans ce compte rendu au sujet de son remarquable discours, soient effacés. N'insistons pas sur la modestie de l'honorable président, qui n'est égalée que par son mérite.

Plusieurs membres du Congrès demandent que quelques rectifications soient faites dans le compte rendu de leurs discours. M. Michel Perret, notamment, observe que c'est improprement que le mot insecticide a été placé dans son discours, et qu'il y a lieu de le remplacer par celui d'insectifuge, qui exprime seul la pensée qu'il a bien voulu rendre en parlant des agents employés à combattre le phylloxera.

M. Millet dit qu'il n'a pas combattu le projet Dumont, mais qu'il a présenté quelques observations et posé des questions, et demande à ce que le compte rendu soit rectifié dans ce sens.

M. Léon Marès demande qu'une rectification soit faite d'après les notes qu'il a lues.

M. le Président ayant fait droit à ces réclamations, le compte rendu est adopté.

M. Drouyn de Luys donne acte du dépôt fait, sur le bureau de la Commission, d'un certain nombre de mémoires imprimés et de notices manuscrites signalant des procédés divers. Il propose de nommer une Commission qui examinera ces documents et fera un rapport qui sera communiqué au Congrès.

M. Henri Marès, secrétaire perpétuel de la Société d'agriculture de l'Hérault et président de la Commission nommée par M. le Ministre, pour examiner les procédés de guérison proposés par un grand nombre d'inventeurs, prend la parole.

L'orateur lit le rapport présenté par la Commission, que nous reproduisons entièrement :

« Un prix de 20,000 fr. fut institué en 1870, par l'Administration de l'Agriculture, en faveur de celui qui trouverait un procédé efficace et pratique susceptible de combattre la nouvelle maladie de la vigne caractérisée par le phylloxera.

» La Commission départementale de l'Hérault, instituée pour l'étude de la maladie de la vigne, consultée par S. E. M. le Ministre de l'Agriculture et du Commerce pour donner son opinion sur les procédés présentés au concours à ce prix, ne crut pas possible de remplir cette mission sans avoir soumis ces procédés à l'expérience. C'est alors qu'elle fut chargée d'en faire l'épreuve sur le terrain.

» Avant d'exposer les expériences de la Commission en 1874, troisième année de ses travaux, nous croyons nécessaire de revenir sur les résultats constatés en 1872 et 1873, afin de mettre en évidence les relations qu'ils présentent avec ceux de l'année courante.

» En 1872, les premiers essais furent commencés à Villeneuve-lez-Maguelone, sur une vigne appartenant à M. de Paul, phylloxérée depuis l'année précédente.

» Du 8 mai au 2 juillet, 55 procédés y furent appliqués.

» Mais, la vigne soumise aux expériences ayant été attaquée par la pyrale, et la maladie caractérisée par le phylloxera y sévissant d'ailleurs très-inégalement, il fut décidé que « les expériences ne seraient plus con-
» tinuées à Villeneuve-lez-Maguelone, et que, pour apprécier dans la suite,
» d'une manière plus exacte et plus comparative, les procédés de la gué-
» rison, quelques-uns des premiers remèdes seraient de nouveau appliqués
» dans une autre vigne, concurremment avec ceux qui restaient à essayer. »

» Le nouveau champ d'expériences fut choisi au domaine de las Sorres, près de Montpellier, appartenant à M. Michel Fermaud, qui consentit à confier à la Commission une de ses vignes phylloxérées, moins malade que celle de Villeneuve, et dans laquelle on ne trouvait pas de pyrales.

» Le 6 juillet 1872, les essais furent commencés sur cette nouvelle vigne, désignée sous le nom de *Vigne Sud*, et 51 procédés y furent appliqués sur des carrés comprenant chacun 25 ceps, séparés de tous côtés les uns des autres par une double rangée de ceps.

» Ceux-ci ne reçurent aucun remède, dans le double but d'empêcher que les substances employées sur les divers carrés ne pussent avoir d'influence les unes sur les autres, et de servir, plus tard, de témoins pour les comparer avec les parties traitées.

» A la fin de 1872, la Commission rendit compte de ses expériences dans un rapport par lequel elle constatait que, dès le mois de septembre, au mas de las Sorres, certains carrés se distinguaient des autres par la couleur plus verte des feuilles et une vigueur plus grande des sarments.

» C'étaient les portions de vigne sur lesquelles on avait appliqué les procédés de guérison suivants :

» Sulfure de potassium dissous dans de l'urine ;

» Sulfure de potassium dissous dans l'eau ;

» Savon noir dissous dans l'eau ;

» Fumier de ferme, cendres de bois et solution dans l'eau de chlorhydrate d'ammoniaque.

» De plus, 400 ceps environ, non soumis aux expériences et fumés par le propriétaire avec du fumier de ferme, se trouvaient également en assez bon état et plus verts que leurs voisins.

« En résumé, disait la Commission, à Villeneuve-lez-Maguelone, comme
» à las Sorres, les procédés de guérison expérimentés jusqu'à ce jour n'ont
» produit aucun effet bien appréciable sur la nouvelle maladie de la vigne ;
» cependant, d'après les résultats constatés à las Sorres, il semblerait que,
» sous l'influence des sels à base de potasse, combinés avec le soufre, ainsi
» que sous celle de fortes fumures, la vigne malade reprend de la vigueur,
» mais sans que pour cela le phylloxera soit détruit. »

» En 1873, les expériences continuèrent, tant sur la vigne Sud que sur deux autres vignes, faisant aussi partie du domaine de las Sorres, qui furent désignées, l'une, sous le nom de *Vigne Nord*, et l'autre, sous celui de *Vigne du Pin*.

» Les mêmes procédés et d'autres encore furent appliqués : les premiers, pour la seconde fois en hiver, c'est-à-dire pendant la saison pluvieuse et à l'époque du repos de la végétation, et les seconds, pour la première fois, la plupart pendant l'hiver ou au commencement du printemps.

» Aucun d'eux ne fit disparaître le phylloxera, qui persista partout, mais inégalement.

» 140 procédés furent ainsi essayés dans la vigne Sud, dans la vigne Nord et dans la vigne du Pin.

» Parmi les moyens employés, 33 produisirent une amélioration sur la vigne et 9 un effet nuisible ; les autres ne parurent pas avoir eu d'influence utile ou nuisible.

» Ceux des premiers dont l'action fut le plus énergique étaient :

» Le sulfure de potassium dissous dans l'urine ;

» Le mélange d'engrais sulfatisé de Berre, de tourteau, de colza et de sulfate de fer ;

» Le sulfate de potassium dissous dans l'eau ;

» Le savon de potasse dissous dans l'eau ;

» La suie ;

» Le mélange de fumier de ferme, de cendres de bois et de chlorhydrate d'ammoniaque ;

» L'urine de vache seule, ou additionnée d'huile de cade ou de goudron de gaz.

» On trouvait des engrais dans tous les procédés dont l'action avait été favorable, et principalement des sels de potasse et d'ammoniaque.

» Dans les procédés nuisibles étaient des insecticides sans aucun caractère d'engrais, tels que le sulfure de carbone, l'essence de térébenthine, le pétrole, les huiles lourdes de gaz et l'acide phénique non étendu d'eau.

» Les conclusions de la Commission furent que, « sans faire disparaître

» le phylloxera, les fumiers et les engrais, surtout ceux qui sont riches en
» potasse et en matières azotées, ont produit quelques bons effets sur les
» vignes malades, en activant leur végétation et permettant à leur fructifi-
» cation, encore peu abondante, de s'accomplir. »

» En 1872, la Commission ne s'est pas bornée à l'application des procédés dont l'examen lui était prescrit par le Ministère. Dès 1872, elle avait
étendu ses expériences à la recherche des effets des insecticides les plus
recommandables, tels que l'acide phénique étendu d'eau, les mélanges
d'huile de cade ou de goudron de gaz avec l'urine de vache.

» Ces mêmes expériences, continuées en 1873, donnèrent des résultats
nuls pour l'*acide phénique*, et firent voir que l'huile de cade et le goudron de
gaz n'augmentaient pas l'efficacité des urines.

» Dans une autre direction, la Commission tentait, en 1873, de nouveaux
essais pour constater l'action des tourteaux des graines oléagineuses, du sal-
pêtre, de l'eau de mer et du sable de mer, employés à la dose de quelques
litres.

» Ces divers agents ne donnèrent pas de résultats à la fin de l'année 1873.

» En 1874, les épreuves faites sur la première vigne, désignée sous le nom
de vigne *Sud*, ont été continuées, mais avec cette particularité que les procédés n'ont été renouvelés que sur les 33 carrés, où une amélioration s'était
déjà produite.

» Sur ces carrés, les traitements, qui étaient répétés pour la troisième
fois, ne furent même que partiels et ne comprirent que les trois cinquièmes
des ceps dont se compose chaque carré soumis aux expériences, dans
le but de s'assurer de la durée de l'effet des substances employées sur les
vignes malades.

» De ces dispositions il résulte que la vigne *Sud* n'a reçu, en 1874, d'applications que sur 33 carrés, et que celles-ci ne se sont étendues qu'à
15 ceps par carré de 25.

» La vigne *Nord* a été traitée de nouveau la même année presque complétement : 28 carrés, sur les 38 carrés d'expérience que comprend cette
vigne, ont reçu une nouvelle application des remèdes essayés l'année précédente.

» Rien de saillant n'est sorti de ces essais, sinon que l'on observe sur
les points d'attaque précédemment déclarés un affaiblissement graduel de
la vigne.

» Les procédés essayés dans cette vigne diffèrent, d'ailleurs, de ceux qui
ont été expérimentés dans la vigne Sud : les tourteaux de toute espèce, les
sels de potasse employés seuls, le guano, l'engrais Ville, l'eau de mer, le sel
marin, le sable de mer, le soufre, n'ont pas produit d'effets appréciables sur
l'état de cette vigne.

» Une quatrième vigne d'expérience, dite *Vigne de la Chapelle*, a reçu concurremment 122 applications de procédés nouveaux et d'essais faits par la
Commission, pour s'assurer de l'efficacité des mélanges de sulfure de potasse
et de sulfure de chaux avec le fumier de ferme, le guano, le sulfate d'ammoniaque, etc.

» Cette vigne formera ultérieurement une partie intéressante des expériences de la Commission; elle permettra de suivre l'influence des mélanges d'engrais divers avec les sulfures alcalins et terreux sur la maladie de la vigne, de même que, dans la vigne *Sud*, on n'a pu observer les effets des urines pures ou mélangées au goudron et à l'huile de cade, et ceux de l'acide phénique de diverses origines dilué en plusieurs proportions.

» Le sulfure de carbone a été, de son côté, l'objet d'applications diverses faites dans la vigne *du Pin*, qui, jusqu'à présent, n'ont donné que des résultats nuisibles.

» La vigne *de la Chapelle* avait été fumée abondamment par son propriétaire en 1873, avec du fumier de ferme.

» Quoiqu'elle soit envahie par le phylloxera sur la presque totalité de sa surface, elle a encore produit une très-belle végétation et une forte récolte.

» L'effet des procédés qui lui ont été appliqués n'est encore apparent que pour un petit nombre de carrés.

» En résumé, les expériences faites jusqu'à présent par la Commission, sur les vignes du mas de las Sorres, sont au nombre de 259, et s'étendent sur une surface de 2 hectares et demi.

» L'intérêt de ces expériences se concentre sur la vigne *Sud*, dans laquelle les essais sont en observation depuis trois années, et notoirement atteinte par le phylloxera depuis quatre ans

» Or, dans cette vigne, ce sont encore les procédés signalés en première ligne, en 1872 et 1873, qui se font remarquer en 1874 ; mais, tandis qu'en 1873 aucun des carrés n'était revenu à l'état normal, nous trouvons que, pour la force de la végétation et l'abondance de la fructification, trois carrés au moins sont revenus à un état très-florissant, et que plusieurs autres s'en rapprochent assez pour qu'il soit permis de croire qu'ils reprendront ultérieurement leur vigueur primitive.

» Cependant le phylloxera n'a disparu nulle part, et partout on le rencontre encore, en quantité variable il est vrai.

» La vigne peut donc vivre et reprendre sa vigueur, malgré les attaques du phylloxera, quand elle est sous l'influence d'un traitement approprié.

» Nous devons faire observer, à cette occasion, que le système de témoins de comparaison suivi par la Commission laissant sans défense des portions notables de la vigne entre les carrés traités, les ceps dont ils sont complantés deviennent peu à peu le siége d'invasions phylloxériques, dont l'intensité est souvent assez grande pour en amener facilement la perte. Le voisinage des ceps constitue, dès lors, un danger permanent pour les carrés traités, en les laissant constamment en contact avec des lignes de ceps envahis par l'insecte.

» Il est donc à présumer que les résultats obtenus sur de petits carrés, par le système suivi par la Commission, seraient plus accentués si la vigne était traitée en plein par les mêmes procédés.

» Les traitements qui ont donné les plus beaux résultats, au point de vue de la fructification, sont ceux où ont été employés :

» 1° Le mélange de fumier de ferme, de cendres de bois et de sel ammoniac;

	1873	1874
» Poids des raisins par cep......	0 k 400	5 k 900
» Longueur des sarments.........	1ᵐ 00	1ᵐ 50

» Le rendement obtenu en 1874 serait de 200 héctolitres à l'hectare. Il est à noter que ce carré se trouve situé dans la partie de la vigne qui a le moins souffert jusqu'à présent.

» 2° Le mélange de fumier de ferme, de cendres de bois et de chaux grasse :

	1873	1874
» Poids des raisins par cep.......	0 k 200	3 k 500
» Longueur des sarments.........	0 m 80	1 m 15

» 3° Le mélange d'urine de vache et d'huile de cade :

	1873	1874
» Poids des raisins par cep.......	non pesé	3 k 450
» Longueur des sarments........	0 m 80	1 m 25

» 4° L'urine de vache employée seule :

	1873	1874
» Poids des raisins par cep.......	1 k 560	2 k 600
» Longueur des sarments........	0ᵐ80	1ᵐ15

» 5° Les tourteaux de ricin :

	1873	1874
» Poids des raisins par cep.......	non pesé	2 k 600
» Longueur des sarments.........	0 m 70	1 m 05

» 6° Le mélange de sulfure de potassium et d'urine :

	1873	1874
» Poids des raisins par cep......	0 k 800	2 k 540
» Longueur des sarments........	1ᵐ 800	1ᵐ 00

Ce carré a été particulièrement atteint par la grêle du 28 juin 1874. Les raisins frappés et détachés des sarments étaient nombreux, et il fut estimé que leur poids aurait été, au moment de la vendange, d'environ 12 kil.
» Les autres carrés n'ont pas été sensiblement maltraités *.

» 7° Le mélange d'urine de vache et de goudron de gaz :

	1873	1874
» Poids des raisins par cep......	non pesé	2 k 500
» Longueur des sarments........	0ᵐ 60	1 ᵐ 15

» 8° La suie :

	1873	1874
» Poids des raisins par cep.......	0 k 240	2 k 100
» Longueur des sarments..... ..	0 ᵐ 60	1 ᵐ 30

» 9° Le mélange de sel sulfatisé de Berre, de sulfate de fer et de tourteau de colza :

* Cette différence tient à ce que la sortie des raisins a été, sur ce carré, d'une abondance qui se faisait particulièrement remarquer, et que, par suite, les raisins, plus en dehors des feuilles, ont été moins préservés.

	1873	1874
» Poids des raisins par cep........	0 k 480	1 k 500
» Longueur des sarments.........	0 m 90	1 m 40

» Ainsi que le prouvent ces résultats, la vigne a non-seulement poussé, mais encore elle a abondamment fructifié.

» Il est à remarquer que généralement, sur les carrés d'essais, les ceps qui n'ont été traités que deux fois, en 1872 et en 1873, se sont montrés moins beaux que ceux qui ont reçu une troisième application en 1874.

» Il faut ajouter aussi que, autour de la plupart des carrés sur lesquels les procédés essayés ont réussi, les témoins ont été visiblement influencés par le voisinage des ceps traités.

» Il en résulte que les coefficients ne représentent pas toujours exactement l'amélioration obtenue, et que cette dernière est réellement plus grande que le résultat indiqué par les coefficients déduits.

» La végétation de la vigne *Sud*, au début des expériences, en juillet 1872, était peu vigoureuse : les sarments avaient environ 0m,40 de longueur, et, dans la partie où la maladie s'était d'abord manifestée, quelques souches étaient mortes.

» En 1874, les neuf carrés que nous signalons comme ayant donné plus de raisins ont des sarments dont la longueur varie de 1 mètre à 1m,50, après avoir été de 0m,60 à 1 mètre en 1873.

» L'amélioration progressive de la végétation et de la production est donc évidente.

» Les expériences de 1874 confirment celles de 1872 et de 1873 et les complètent d'une manière remarquable, en montrant qu'on peut, dans certains cas, rétablir la vigne malade, au moins temporairement, par des moyens énergiques, qui comprennent à la fois les mélanges d'engrais que nous avons indiqués précédemment et les travaux de culture.

» Les cultures ont été faites en nettoyant le sol du chiendent dont il était couvert en 1872, dans la vigne *Sud* surtout, et en donnant dans cette vigne et dans les trois autres quatre labours à la main, de février au commencement d'août.

» Trois soufrages ont été appliqués dans les mois de mai, juin et juillet.

» Le progrès a été très-considérable, si l'on considère la fructification. Sur les carrés signalés plus haut elle est, en 1874, de deux à dix-sept fois plus forte qu'en 1873.

» Dans le reste de la vigne, c'est-à-dire dans les carrés où des résultats ont été nuls en 1872 et 1873, et sur lesquels les traitements n'ont pas été renouvelés en 1874, la vigne subit généralement un affaiblissement marqué.

» Cet état de choses fait encore mieux ressortir l'efficacité des traitements dont nous constatons les succès, et indique clairement la voie qu'il faut suivre pour conserver les vignes malgré le phylloxera, puisqu'on n'a pu, jusqu'à présent, le détruire complétement.

» Mais, si nous constatons la vigueur nouvelle et le retour à la fécondité d'un certain nombre des carrés traités, nous appuyons aussi sur ce point, que le phylloxera s'y trouve toujours et qu'ils restent ainsi exposés à ses attaques.

» Le danger est donc encore imminent, à cause de la présence de cet insecte.

» Il semblerait, en conséquence, nécessaire de traiter la vigne, sinon tous
les ans, au moins tous les deux ans, en s'efforçant à faire revenir les ceps
des points d'attaque par l'emploi des moyens les plus énergiques.

» La Commission n'a point, dans ce rapport, à indiquer la marche à suivre
pour atteindre ce but : cette marche se déduit, d'ailleurs, de l'exposé des expériences qui précèdent.

CONCLUSION

» Reprenant et complétant les termes dont elle s'est servie dans son rapport de 1873, la Commission se croit autorisée à déduire des résultats obtenus
en 1874 que, sans faire disparaître le phylloxera, les mélanges d'engrais
riches en potasse et en matières azotées, surtout quand certains d'entre eux
présentent des propriétés insecticides, tels que les mélanges dans lesquels
entrent les sulfures et les sulfates alcalins et terreux, les sels d'été des
salines, la suie, les cendres végétales, l'ammoniaque, la chaux, ont produit
de bons effets sur les vignes malades, en activant leur végétation, en augmentant leur production et en permettant à leur fructification de s'accomplir. »

M. Henri Marès présente ensuite, dans un discours plein de clarté
et qui a été écouté avec un vif intérêt, des observations personnelles,
et résume ses idées sur la maladie.

Le savant agriculteur pose d'abord les deux questions suivantes :

Peut-on combattre la maladie de la vigne et le phylloxera ?

Peut-on, tout au moins, obtenir que la vigne vive avec lui ?

Comme tant d'autres personnes, M. Marès a d'abord cru qu'on n'aurait jamais raison du mal. Aujourd'hui il est convaincu que la vigne
peut fructifier malgré son dangereux ennemi. C'est sur des faits qu'il
appuie cette opinion, qui constitue le fait nouveau, capital, qu'il veut
exposer au Congrès.

Ce fait est affirmé par les expériences faites sur plusieurs points :

1° Au mas de las Sorres, dans le champ d'expériences de la Commission départementale, et chez M. Fermaud, qui possède une propriété
voisine du terrain traité par la Commission ;

2° Chez M. Espitalier, au mas de Ruy ;

3° Chez M. Bazille, à Lattes ;

4° Chez M. Léon Marès ;

5° Dans son domaine de Launac ;

6° Enfin, dans la propriété de M. le marquis de Lespine, dans le département de Vaucluse.

Les expériences de la Commission départementale ont été faites en

1873 et 1874. Cette Commission, chargée par M. le Ministre de l'agriculture d'examiner les procédés proposés pour concourir au prix de 20,000 fr., ne consentit à accepter cette mission qu'à la condition d'expérimenter elle-même les moyens présentés. C'était ainsi seulement qu'elle pouvait se prononcer en toute connaissance de cause :

Voici les noms des membres de la Commission, choisis parmi les agriculteurs et les savants les plus distingués du département :

MM. Henri Marès, *président.*
Gaston Bazille, *vice-président.*
Duffour, *secrétaire,*
Durand, Jeannenot, Golfin, Lichtenstein, Planchon, Saint-pierre, Sahut, Vialla, *secrétaires-rapporteurs.*

Tous ces messieurs ont apporté dans les travaux de la Commission le concours le plus actif et le plus éclairé.

M. Marès les remercie chaleureusement, et en particulier MM. Jeannot et Durand, professeurs bien appréciés de l'École d'agriculture, qui ont fait preuve d'un zèle et d'un dévouement qu'il est heureux de signaler.

Pour juger les résultats obtenus, la Commission a dû appliquer une méthode de comparaison qui a permis d'établir un tableau résumant les effets obtenus par les procédés essayés. Des exemplaires imprimés de ce tableau, à la suite duquel se trouve un croquis indiquant les divers carrés qui ont été expérimentés, sont distribués à MM. les Membres du Congrès.

L'orateur examine ensuite plusieurs points, que nous croyons devoir développer en raison de leur importance. Si la vigne, convenablement traitée, vit et fructifie avec le phylloxera, elle périt au contraire quand elle est abandonnée, ou tout au moins se rabougrit et devient stérile.

Le plus souvent, le fumier de ferme ne suffit pas pour assurer l'existence et la reconstitution de la vigne ; il faut l'additionner d'agents particuliers, parmi lesquels les sulfures alcalins et terreux, ainsi que le sulfhydrate d'ammoniaque, tiennent le premier rang.

L'époque du traitement de la vigne a aussi une grande importance ; il convient de la soumettre pendant l'hiver à l'influence du traitement.

Pour ce qui concerne le traitement préventif, il est bon d'additionner les engrais de sulfure et, pour cela, d'y ajouter du plâtre.

Dans les vignes attaquées, il convient d'employer les sulfures de potassium et de calcium.

Une théorie, dit M. Marès, quand il s'agit de l'étude d'un ensemble de faits de la nature de celui que présente la maladie de la vigne, est *l'explication qui établit un rapport dominant entre tous les faits et qui dé-*

montre comment ils s'enchaînent et comment on peut arriver à la connais-
sance d'autres faits encore inconnus et cependant importants.

Dans ce cas, suivant la théorie que l'on adopte, on arrive à de bons ou à de mauvais résultats.

Toute théorie se défend elle-même par ses résultats; elle se détruit quand les résultats lui font défaut.

Sans se passionner pour une théorie, M. Marès explique comment il envisage la maladie de la vigne et comment on peut la combattre.

Il ne considère plus le phylloxera ni comme cause, ni comme effet de la maladie.

La maladie, d'après le savant agronome, est due au concours si-multané de circonstances qui la produisent. Pour lui, le phylloxera à l'état de grande multiplication, de propagation et d'invasion, est une cause visible, animée, caractéristique, de la maladie, qui a pour causes :

1° L'influence du sol, c'est-à-dire du milieu, sur la vigne elle-même et sur l'insecte ; cette cause est le plus souvent déterminante;

2° L'influence des climats, suivant qu'ils favorisent la végétation des vignes ou l'affaiblissent, et selon qu'ils favorisent la pullulation et l'ex-pansion de l'insecte ou qu'ils y mettent obstacle. Dans cet ordre d'idée, les intempéries qui affaiblissent les vignes peuvent être des causes déterminantes;

3° La résistance qu'offre la vigne elle-même, suivant la culture à laquelle elle est soumise et la nature du cépage, qui aide ou diminue cette résistance.

La vigne sauvage non cultivée ne périt pas; la treille, qui se rap-proche de la vigne sauvage, est peu attaquée et résiste. .

Le carbinet du Médoc paraît résister plus que les autres espèces qui sont cultivées dans ce pays. Les aramons résistent mieux que les ter-rets; les clairettes offrent aussi de la résistance.

M. Marès a observé personnellement la propriété de résistance d'un cépage a raisins blancs, peu répandu dans nos vignobles, désigné sous le nom de *passarille blanche,* ou gibi, augibi de l'Hérault, qui existe dans les vignobles de ces pays depuis les temps les plus anciens.

Ce cépage s'est montré presque indemne chez M. Faucon, et c'est l'estagna-saoûma du Roussillon.

La vigne devient malade principalement sur les points où elle ren-contre des causes d'affaiblissement, qui peuvent être ou temporaires, ou prolongées.

Les caractères de la maladie sont la présence simultanée des ra-cines pourries et du phylloxera, comportant toujours un état d'affai-blissement marqué et une action directe du phylloxera sur les racines.

Dans ces conditions, M. Marès croit qu'il faut, dès le début, renforcer la plante par les engrais, le soufrage et les moyens culturaux qui amènent l'oxygénation du sol, tels que les labours, les drainages, etc., etc.

Il faut aussi employer les insecticides et les engrais qui en ont les propriétés, tels que la suie, les produits sulfurés et ammoniacaux.

M. Marès a conclu de ses expériences que les substances exclusivement insecticides, telles que l'acide phénique, les essences et les huiles essentielles, le sulfure de carbone, le pétrole, ne guérissent pas et qu'elles sont insuffisantes pour détruire l'insecte.

Il établit que c'est l'hiver que le mal fait le plus de ravages, et que ce fait ne peut être expliqué que par l'intoxication de la racine par le phylloxera. D'après ses observations, les sols maigres, argileux, compactes, sont plus particulièrement atteints.

Le seul moyen de conjurer le mal consiste, d'après M. Marès, dans l'emploi simultané des engrais les meilleurs et des sulfures alcalins, terreux et ammoniacaux. Il y a une série de recherches à faire dans le sens indiqué, c'est-à-dire dans l'application d'engrais mélangés à des agents spéciaux.

L'orateur se résume en posant les conclusions suivantes :

1° Qu'on conservera les vignes, si on résiste et si on combat le mal;

2° Que l'on conservera aussi les cépages qui produisent des vins dont la qualité est un des principaux éléments de la fortune vinicole de la France.

M. Marès reconnaît, en terminant, que la lumière est loin d'être faite sur la question si grave du phylloxera et sur son origine; mais qu'il est persuadé qu'en suivant la voie qu'il conseille, c'est-à-dire le traitement par les engrais et les sulfures alcalins, terreux et ammoniacaux, on conservera la vigne.

L'emploi seul des insecticides ne lui a donné aucun résultat, et il est convaincu de leur inefficacité.

M. Marès compte sur les faits pour confirmer l'exactitude de sa théorie. « C'est aux fruits, dit-il, qu'on juge l'arbre, et à l'œuvre qu'on connaît l'ouvrier. »

L'auditoire a prouvé à l'orateur, par ses applaudissements, avec quel intérêt il avait écouté l'exposé des résultats des travaux intelligents du savant agriculteur.

A une question posée par un membre de l'Assemblée, M. Marès répond que le terrain du mas de las Sorres est un terrain d'alluvion, calcaire et ferrugineux.

Après M. Marès, M. Laliman, l'importateur et le propagateur bien connu des cépages américains, se borne à exposer que les communications qu'il ne peut, à cause du temps limité de la séance, développer devant le Congrès, sont contenues dans une brochure dont il a apporté le matin un grand nombre d'exemplaires, qui ont été enlevés aussitôt. Il ajoute que MM. les membres du Congrès ont eu la veille, chez M. Fabre, tous les renseignements relatifs à l'emploi et aux résultats obtenus avec les cépages américains, et qu'il ne pouvait que répéter ce que ce propriétaire avait dit aux visiteurs qui s'étaient rendus chez lui.

Cette brochure, que nous n'avons pu nous procurer que fort difficilement, imprimée en 1874, a pour titre :

Documents pour servir à l'histoire de l'origine du phylloxera. — Appendice à l'enquête officielle faite dans la Gironde sur cette origine. — Suite d'études sur les divers phylloxeras, sur les vignes, les eaux-de-vie et les vins américains.

L'auteur a, par une pensée dont on lui saura gré, dédié son ouvrage au Congrès international viticole de Montpellier.

Nous examinerons rapidement les principaux points traités dans cette brochure, qui doit être lue entièrement.

La première partie comprend le *résumé de l'enquête préfectorale, faite dans la Gironde, sur l'origine du phylloxera.*

Elle présente les trois divisions suivantes, désignées par les lettres A, B, C.

La première division, A, renferme l'exposé *des faits qui prouvent que, dans un très-grand nombre de localités, des cépages américains enracinés, issus des pépinières d'Europe ou d'Amérique, ont pu être cultivés sans que, jusqu'à présent, la maladie causée par le phylloxera se soit déclarée dans ces localités, tant sur les cépages américains que sur les vignobles indigènes.*

La seconde division, B, a trait aux *faits relatifs à l'apparition de la maladie dans le Bordelais.*

La troisième, C, est *consacrée aux témoignages ayant trait à l'apparition de la maladie en Provence, en Portugal et en Autriche.*

L'auteur fait l'exposé de ces témoignages, en se réservant de les appuyer bientôt d'autorités nouvelles.

Le procès-verbal de l'enquête conclut :

« *Que l'origine américaine de la nouvelle maladie de la vigne doit, quant à présent, être écartée.* »

La seconde partie de la brochure de M. Laliman a pour titre : *Appendice à l'enquête.*

Elle est remplie de faits et de documents relatifs à la question si discutée de la provenance du phylloxera, tendant à affirmer qu'elle ne saurait être attribuée à l'importation des premiers cépages américains.

La troisième partie est intitulée : *Partie zoologique et correspondance.*

Elle a trait encore à l'origine du phylloxera, et l'auteur y groupe des observations et des faits qui donnent raison à ses affirmations si vivement combattues par M. Planchon, qui croit qu'il faut attribuer l'invasion du dangereux insecte à l'importation des cépages américains. M. Laliman y démontre aussi la résistance de certains cépages américains aux effets destructeurs du phylloxera.

La quatrième partie a rapport aux mêmes faits ; elle est le *post-scriptum* de l'Appendice, et l'auteur y résume, dans un tableau fort intéressant, les chiffres relatifs au rendement des vignes américaines observées sur la propriété de la Tourrate et au degré alcoolique des vins obtenus dans ce domaine.

Après M. Laliman, son antagoniste, M. Planchon, après avoir sommairement rappelé que pour lui le phylloxera est d'origine américaine, et sans soutenir une discussion qu'il ne croit pas opportun de soulever au sein de ce Congrès, établit l'identité du phylloxera des gales et de celui des racines, et insiste sur le danger qu'il y aurait à introduire les plants américains dans les pays non atteints par cet insecte.

Le savant botaniste fait connaître les essais successifs faits par MM. Bazille, Fabre et J. Lichtenstein, sur l'implantation des cépages américains dans nos vignobles, et constate que les plants que, sur les instances de ce dernier, M. le Ministre fit venir d'Amérique, furent des cépages non résistants.

M. Planchon établit la résistance de certaines espèces américaines, et signale ce fait caractéristique et remarquable, qu'en ce moment une nouvelle légion de vignes apparaît en Amérique, et que nous assistons à l'éclosion d'un grand nombre de variétés. Il dit que les vignes sauvages existent en très-grand nombre dans le Nouveau Monde et donne le caractère de certaines espèces, parmi lesquelles il cite particulièrement le *Scupernongs*, dont le feuillage ne présente aucun des caractères de celui de la vigne et dont le fruit présente cette particularité que les grains se détachent un à un et possèdent une saveur étrange. Cette variété lui paraît plutôt curieuse que susceptible d'être utilement cultivée.

L'orateur signale trois groupes principaux :

1° Les *Labrusca*, caractérisés par des raisins d'un goût framboisé ;

2° Les *Æstivalis*, à feuilles découpées, avec duvet cotonneux sur les nervures et raisins à petits grains ;

3° Les *Cordifolia*, dont le Clinton est une variété, à feuilles sans duvet et à raisins à petits grains ;

Le *Scuppernong*, qui dérive des *Cordifolia*, atteint un développement prodigieux : un pied de ce cépage recouvre jusqu'à un tiers d'hectare de terrain, tant sa végétation est puissante.

D'après M. Planchon, si tous les cépages américains ne résistent pas au phylloxera également, ils offrent tous une résistance supérieure à celle de nos plants indigènes.

Comment expliquer cette résistance des vignes américaines ?

Le savant professeur se demande s'il ne faut pas l'attribuer à ce que ces vignes sont plus jeunes que les nôtres, c'est-à-dire plus rapprochées à l'état sauvage que les nôtres.

Cependant les lambrusques périssent, et ce fait tendrait à faire écarter cette explication.

M. Planchon a constaté que le phylloxera, sur les vignes américaines, arrête ses ravages aux radicelles et aux racines moyennes, sans détruire les parties plus puissantes. Il ne croit pas que les racines soient intoxiquées par le phylloxera, et ajoute : *Supprimez le phylloxera, vous aurez supprimé la maladie, dont les symptômes ne sont qu'accessoires.*

L'orateur examine cette idée accréditée, que les vignes qui prospèrent dans l'Amérique du Nord ne pourraient prospérer en Europe. Cela peut être ; mais il se demande pourquoi celles du Canada ne fructifieraient pas en Europe, la différence du climat n'étant pas trop considérable. Il ne croit pas qu'une plante ne trouve pas, dans des pays peu différents comme climat, les mêmes conditions pour son développement.

Quant au sol, l'a nature l'a fait partout uniforme ; pourquoi donc serait-il un obstacle ?

M. Planchon combat aussi cette idée que les plantes changent de constitution en changeant de pays, et pose, pour terminer, ce principe : qu'il faut implanter les cépages américains là où le phylloxera existe, et les proscrire avec sévérité des points non encore atteints.

M. Cornu, délégué de l'Académie des sciences, expose sommairement les résultats des expériences qu'il a fait exécuter, ayant été chargé d'appliquer à ses essais une somme de 27,000 francs, votée pour être employée à des essais qui furent confiés à une Commission qu'il composa lui-même, en choisissant des hommes distingués.

L'orateur explique comment il fut amené, ne pouvant essayer toutes les substances, à en déterminer un grand nombre comme inefficaces ; il écarta d'abord toutes les substances solubles, et reconnut qu'il fallait recourir à l'emploi de substances donnant des vapeurs toxiques, que ces substances fussent des corps simples ou composés.

M. Cornu établit que les sulfocarbonates sont, parmi les corps qu'il a essayés, ceux qui lui ont donné les meilleurs résultats pour tuer l'insecte, condition essentielle et unique, d'après lui, pour guérir les vignes.

M. Bouschet de Bernard fait une communication fort intéressante, dans laquelle il propose, comme un moyen efficace, le greffage des boutures indigènes sur les boutures américaines : de cette façon on obtiendra une souche dont la racine américaine sera résistante et dont le produit donnera le vin français, vin supérieur aux vins américains. Il opère en prenant deux boutures, l'une de provenance américaine, l'autre indigène ; en séparant en deux, avec un couteau, l'une des extrémités de la première, il introduit dans l'intervalle formé par l'écartement des deux moitiés la bouture indigène, taillée en bec de sifflet, à la partie qui doit être en contact avec l'autre.

Après avoir opéré une ligature, il met en terre la bouture américaine, de façon que le greffon puisse produire quelques racines la première année, pour aider au développement du végétal.

M. Bouschet de Bernard montre à l'Assemblée de magnifiques échantillons des produits ainsi obtenus.

M. Vialla, vice-président de la Société d'agriculture de l'Hérault, donne avis qu'une Commission a été chargée de déguster les vins américains et de faire un rapport qui sera communiqué au Congrès.

M. Teissonnière prend la parole, et, anticipant sur le rapport de la Commission dont M. Vialla vient d'annoncer la formation, dit qu'il ne connaît que deux cépages américains complétement indemnes. De ces deux cépages, l'un fournit un assez bon vin : c'est le Jacquez; mais ce vin ne se conserve pas bien.

L'autre cépage donne un vin très-beau comme couleur, mais ayant une saveur empyreumatique fort désagréable.

La conclusion de M. Teissonnière est qu'il ne faut conseiller qu'avec beaucoup de réserves l'emploi des cépages américains.

Après M. Teissonnière, M. Terrel des Chênes donne communication d'observations fort importantes qu'il a faites, et desquelles il a pu conclure que, pendant un temps variant de cinq à dix semaines, le phylloxera abandonne sa demeure souterraine pour vivre au dehors sous l'écorce de la souche, qu'il remonte à une hauteur atteignant 20 centimètres au-dessus du sol.

L'honorable observateur se borne à signaler ce fait capital, qui peut être étudié et ouvrir une nouvelle voie aux essais tentés contre le phylloxera.

M. Douysset lui succède et fait connaître les heureux résultats obtenus à Roquemaure, tant au point de vue de la prospérité des vignes que sous le rapport de la quantité de vin obtenue par la plantation des cépages américains.

La dernière communication de la séance est celle de M. Petit, de Nimes, qui assure que la vigne est régénérée par l'emploi du coaltar.

Quatrième Journée

Conformément à l'itinéraire arrêté par la Commission, MM. les membres du Congrès se sont d'abord rendus sur le champ d'expériences du mas de las Sorres, où la Commission départementale a expérimenté en 1873 et 1874 les nombreux procédés proposés par les inventeurs, ainsi que ceux dont elle avait conçu l'idée.

Cette visite a permis de constater *de visu* les résultats consignés dans le tableau publié par la Commission, et que nous reproduisons en entier.

Après cet examen, qui a vivement intéressé tout le monde, on s'est transporté sur la propriété de M. Vialla, pour y voir le cellier aménagé avec autant de soin que d'intelligence par le savant agriculteur.

De là, MM. les membres du Congrès sont allés observer à Saint-Sauveur, dans le domaine de M. Gaston Bazille, les résultats obtenus par le traitement qu'il a appliqué à ses vignes.

Le vignoble de M. Bazille est attenant à un autre vignoble qui n'a pas été traité, et les visiteurs ont été frappés de la différence que présente à l'œil la végétation de ces deux propriétés. Une ligne de démarcation bien distincte les sépare : tandis que, dans la vigne de M. Bazille, les souches sont encore garnies d'un riche feuillage vert, celles de la vigne voisine ont perdu leurs feuilles et offrent une apparence souffreteuse qui impressionne péniblement.

Le traitement appliqué par l'honorable vice-président du Congrès viticole consiste dans l'emploi de l'urine de vache, et dans celui de fumier de vache mélangé de sulfure de calcium. Les deux procédés ont produit d'excellents résultats.

Tout à côté, une vigne a été traitée par la submersion et présente aussi les caractères d'une bonne végétation.

La vigne, immergée au moyen d'un fossé d'irrigation, a été divisée en parcelles, séparées les unes des autres par des levées de terre ou bourrelets, qui ont provoqué une observation fort sérieuse de la part de M. Faucon, qui a fait remarquer, avec raison, que ces bourrelets ne pouvant, par suite de leur élévation, être entièrement submergés, il en résulterait un danger qu'il croyait encore devoir signaler.

La rangée de vigne la plus voisine des bourrelets, trouvant dans cet amas de terre une condition favorable à son développement, émettait des racines qui s'allongeaient vers cette terre accumulée et y prenaient un accroissement considérable ; or, la submersion étant incomplète sur ces points, le phylloxera pourrait échapper à l'action destructrice de l'eau et y trouver un refuge favorable à sa féconde production.

M. Faucon croit qu'il est indispensable, pour assurer le succès de la submersion, d'arracher les rangées de souches voisines des bourrelets.

L'excursion a été terminée par une visite à la pépinière de M. Sahut, qu'on peut citer comme type au point de vue de la culture intelligente, pratiquée par l'horticulteur si justement apprécié dans notre département.

On a surtout remarqué un Eucalyptus magnifique, qui a admirablement résisté aux froids rigoureux de 1870.

Après cette promenade scientifique, MM. les membres du Congrès se sont séparés en se donnant rendez-vous à Palavas, où un banquet, organisé par la Commission, leur a été offert.

TROISIÈME SÉANCE

La séance est ouverte à une heure et demie.

M. Camille Saintpierre lit le procès-verbal de la troisième et de la quatrième séance.

M. Planchon demande qu'une erreur commise par lui soit rectifiée. Il dit que c'est M. Laliman, et non M. Bazille, qui a, le premier, fait connaître la résistance des cépages américains au phylloxera.

M. Terrel des Chênes déclare qu'il apprend à l'instant qu'un observateur de la Gironde, M. Lajoly, a constaté avant lui la présence du phylloxera sur la partie extérieure de la souche ; il est heureux de voir ses observations confirmées et de restituer à celui qui y a droit la priorité de cette intéressante découverte.

M. Henri Marès demande aussi une rectification au procès-verbal.

Après avoir donné acte de ces observations, M. le Président déclare que le procès-verbal est adopté et constate le dépôt d'un certain nombre de brochures et de mémoires, en rappelant qu'une Commission sera chargée de les lire et de faire un rapport qui sera communiqué au Congrès.

M. le Président autorise M. Lichtenstein à faire connaître le résumé d'un travail que M. Roesler, délégué du Gouvernement autrichien, avait demandé à lire en allemand, ce qui n'a pu lui être accordé, car il n'aurait pas été compris.

Les conclusions des savants et des agriculteurs autrichiens sont les suivantes :

Le phylloxera est de provenance américaine ; il est l'unique cause du mal. Ne pas arracher les vignes et continuer à étudier la nature de l'insecte et la marche de la maladie. Le phylloxera reste caché

pendant six à huit mois dans les parties profondes de la terre, il est
fort difficile d'aller l'attaquer. Il recommande, à cet effet,
l'emploi combiné des engrais et des insecticides, le phosphore, l'ammoniaque, la potasse. Ce traitement réussit dans les terrains poreux, qui
se laissent pénétrer par ces agents. Le savant délégué, pour obtenir
artificiellement cette porosité, emploie la dynamite et soulève ainsi la
terre à une grande profondeur, sans faire de mal aux souches. Il met
alors au pied de la souche de la chaux et du phosphore, et arrose.
Sous l'influence de l'humidité, il se forme un gaz phosphydrique qui
détruit une grande quantité d'insectes. Par ce moyen, on ne guérit
pas entièrement, mais on obtient des récoltes.

M. Lichtenstein communique ses observations personnelles, qu'il a
décrites dans le *Messager agricole du Midi* et dans le *Moniteur agricole*,
auxquels il renvoie pour avoir des détails complets, que le temps ne
lui permet pas de donner.

Du 15 août au 15 septembre, dit l'orateur, le phylloxera prend des
ailes et il émigre : c'est donc avant son départ qu'il faut l'observer.

M. Lichtenstein dit qu'il a trouvé, avec M. Planchon, l'insecte sous
deux formes : l'une, courte, ovale ; l'autre, ronde, allongée. Il ignore
quels sont les mâles et quelles sont les femelles. Ce sont des espèces
de cocons volants qui déposent sur les chênes des chrysalides, d'où
sortent d'autres insectes ne possédant que des organes génitaux et
s'accouplant aussitôt. La femelle pond alors un œuf, lequel a un volume
double du sien, et c'est surtout cet œuf qui donne naissance à la mère
créatrice des innombrables légions qui dévastent les vignobles.

Il y a donc un moment où l'insecte se met à notre portée : il faut
profiter de ce moment pour le détruire. C'est là une voie nouvelle, que
l'éminent agriculteur se plaît à faire connaître.

M. Drouyn de Lhuys adresse ses félicitations à l'orateur, qui a été
très applaudi. Il fait observer que c'est en cherchant l'Inde que Chris-
tophe Colomb trouva l'Amérique. Les idées de M. Lichtenstein peuvent
donc, elles aussi, être fécondes en résultats.

M. de Saint-Trivier, délégué du département du Rhône, constate
que le phylloxera a fait, il y a trois ans, son apparition dans le Rhône.
Il a arraché, dans les points envahis, ses vignes en avril et juin, et n'a
trouvé aucun phylloxera. Il n'en a trouvé qu'après le mois de juillet ;
et ce fait serait la confirmation des idées de M. Cornu, qui croit qu'il
faut une certaine élévation de température, 15 degrés au moins au-
dessus du sol, pour trouver l'insecte dans la terre.

M. de Saint-Trivier signale les résultats obtenus en enduisant de
coaltar la souche déchaussée, et entourée ensuite de sciure de bois
humectée aussi avec du coaltar. Après ce traitement, il n'a trouvé sur
les ceps traités aucun phylloxera.

...que l'insecte apparaissait avec la sécheresse et disparaissait avec la pluie.

L'élévation de température joue un grand rôle, et l'on observe moins de phylloxeras à mesure qu'on s'élève.

M. de Saint-Trivier fait connaître les heureux effets obtenus par M. Denis, jardinier en chef du parc de la Tête-d'Or, à Lyon, par l'ébouillantage des souches. Il emploie l'eau bouillante additionnée de 10 °/₀ de résidus provenant de la fabrication du tabac, et croit que la nicotine est le principe qui agit.

Après lui, M. Loubet, président du tribunal de Carpentras et du Comice agricole de Vaucluse, expose des considérations desquelles il croit pouvoir conclure qu'il faut rejeter l'emploi des insecticides, qui sont sans effet. Il ne croit pas aux moyens curatifs et a plus de confiance dans les moyens préventifs.

M. Loubet conseille de replanter, sans se décourager, là où la vigne est morte, et recommande les engrais comme pouvant seuls donner de bons résultats. Par les engrais, dit M. Loubet, on pourra soutenir les vignes et les faire vivre jusqu'au jour qui viendra, c'est sa conviction, où la maladie, qu'il faut considérer comme un fléau, disparaîtra d'elle-même.

M. Vicat dit quelques mots, que le bruit ne nous a pas permis d'entendre complétement. Il informe l'Assemblée qu'il est l'inventeur d'un insecticide efficace, et qu'il a fait le dépôt à la Commission d'une brochure dans laquelle il développe son procédé. Son *insecticide-engrais* est un produit azoté potassique et sulfuré, qui se volatilise dans le sol et va tuer l'insecte jusqu'aux extrémités des radicelles.

M. le Président consulte l'Assemblée pour savoir si elle désire continuer à entendre des communications sur le phylloxera, ou bien continuer l'ordre du jour arrêté en appelant la discussion sur la vinification, les vins imités et la législation relative au commerce des vins.

Cette dernière proposition ayant été adoptée, M. Camille Saint-pierre prend la parole et présente, dans un court et savant exposé, d'intéressantes considérations sur la fabrication des vins imités.

Cette fabrication a pris à Cette un grand développement. Les produits obtenus sont essentiellement des produits d'exportation, et sont consommés en Russie, en Danemark, en Hollande et en Angleterre, ainsi que dans les deux Amériques. Ces peuples aiment les vins fortement alcoolisés. Sur 300,000 hectolitres qui représentent, d'après le relevé fait par M. Saintpierre, la fabrication cettoise, les deux Amériques consomment à elles seules les deux tiers de cette production.

L'hectolitre des vins imités se vend, en moyenne, 50 francs : c'est donc quinze millions que ce commerce fait entrer en France.

Ce résultat est de nature à faire tomber les préventions soulevées par certains contre cette fabrication, qui mérite des encouragements.

La consommation de ces vins s'accroît de jour en jour, et c'est encore là une preuve de la faveur avec laquelle ils sont accueillis.

Les vins imités sont ceux d'Espagne et de Portugal, parce que les vins de nos pays peuvent donner des imitations de ces vins et seraient impropres à l'imitation des autres vins, tels que le Bourgogne, etc. Les vins liquoreux et riches en alcools sont, en effet, les seuls qui soient susceptibles d'être avantageusement imités avec les vins du Midi.

On a reproché aux fabricants de faire ces vins avec toute autre substance que du raisin. Ce reproche tombe de lui-même, si l'on considère que c'est la matière la moins coûteuse que l'on puisse trouver. Pourquoi donc en chercher une autre?

On a parlé aussi de l'emploi de matières colorantes dangereuses. C'est à tort, car les vins imités sont des vins blancs et, par conséquent, pour lesquels la coloration n'est pas utile.

Les Portugais, eux, ont voulu colorer leurs vins avec des baies de sureau, et ils y ont renoncé, car ils ont reconnu que cette matière se décomposait au bout de très-peu de temps, se précipitait et altérait les vins.

Il faut donc bien se garder de condamner l'imitation des vins, qui n'a rien contre elle et qui permet, au contraire, d'utiliser et de tirer parti de vins de peu de valeur, lesquels, employés pour la fabrication des vins imités, acquièrent une valeur relativement considérable et fournissent le moyen d'utiliser des terrains dont les produits n'auraient, sans cela, aucun débouché, et qui ne pourraient être affectés à aucune autre culture.

Il faut encore remarquer que les vins imités sont faits avec des produits d'un degré alcoolique très-faible et s'élevant à peine à 11 degrés, auxquels on ajoute un sirop et de l'alcool, de façon à arriver à 21 degrés, richesse alcoolique habituelle des vins d'Espagne.

Il résulte donc de cela que les 300,000 hectolitres de vin fabriqué représentent 600,000 hectolitres de vin à 11 degrés. C'est là un chiffre qui constitue une exportation considérable, et qu'il est de l'intérêt de la France de conserver et même d'augmenter.

Cette exportation a, en outre, l'avantage de favoriser l'importation, puisque les navires qui vont à l'étranger apporter les vins imités rapportent nécessairement d'autres produits.

M. Molinier, maire de Mèze et grand négociant de ce pays, prend la parole pour exposer qu'il serait à désirer que l'on pût obtenir, dans l'intérêt du commerce, que le vinage, au lieu d'être imposé comme il l'est à l'entrepôt réel, fût toléré à l'entrepôt fictif. Il demande que l'Assemblée émette un vœu dans ce sens.

M. Molinier dit quelques mots sur la situation faite au commerce d'exportation des vins d'Espagne pour les colonies françaises et anglaises de l'Amérique du Sud. Les vins d'Espagne, qui sont les plus propres à cette réexportation, sont en très-grande quantité cette année. Ils ont une couleur plus riche que celle de nos beaux vins de Narbonne ; ils pèsent de 11 à 12 degrés ; le goût en est agréable, et ils ne coûtent que de 7 à 8 fr. l'hectolitre. Tous frais compris, ils reviennent, à Cette, à 19 fr. On pourrait avoir, dit-il, pour les États-Unis, des vins très-doux pour faire les imitations de *Porto*. Tous ces vins, mélangés avec les nôtres, nous permettraient de faire des qualités meilleures et à plus bas prix que les vins d'Espagne.

Nous aurions ainsi des affaires qui nous échappent au profit exclusif de l'Espagne ; car, dans les colonies, les vins d'Espagne ne payant pas plus que les nôtres, il s'ensuit une concurrence que nous ne pouvons soutenir. L'obstacle vient de la douane. On nous dira que nous pouvons opérer en douane. Certainement, cela est possible sur de petites quantités, mais non point sur de grandes.

Les deux maisons de Mèze qui font l'exportation peuvent, dans un jour, manipuler et coller un chargement de 300 pipes, et dans deux jours les expédier. Cette opération coûte 30 fr. La même opération demanderait en douane au moins quinze jours et coûterait 200 fr., plus un droit de 0,50 c. par hectolitre pour location d'entrepôt. De plus, comme un chargement de vins d'Espagne est très-irrégulier, il faudrait faire des coupages et coller un à un les demi-muids (350 litres), ce qui fait une plus grande quantité de lie et de droit à payer en traversant ces vins dans les pipes d'expédition.

Et puis, il doit y avoir des irrégularités dans la limpidité et la qualité, ce qui, à l'arrivée à destination, occasionne de grandes pertes. Deux maisons de Mèze ont dû, pour éviter tous ces ennuis, faire entrer en magasin des vins d'Espagne, payer les droits, et réexporter dans les colonies anglaises et françaises ces mêmes vins, qui sont grevés d'un droit de 5 francs de plus par hectolitre que les vins d'Espagne.

Il résulte de cet état de choses que les vins espagnols, étant meilleur marché que les nôtres et ne payant pas les 5 francs par hectolitre, nous obligent à leur céder le pas sur la plus grande partie des marchés américains.

M. Molinier pense que cette situation va s'empirer encore avec le développement du phylloxera. Il arrivera un jour où le commerce d'Espagne connaîtra parfaitement nos relations avec nos colonies : alors il s'en emparera complétement ; car, qu'on ne l'ignore pas, il y a en Espagne des vins qui sont aussi bons que nos Loupian, Gigean, Pomerols, comme petite couleur, et qu'on peut parfaitement utiliser contre nous en les exportant. Il s'ensuivra la cessation du commerce d'exportation de plusieurs maisons, et, par suite, un grand nombre d'ouvriers tonneliers, marins, etc., se trouveront sans travail.

C'est un malheur qui doit fatalement frapper notre commerce, si l'Administration des douanes ne se préoccupe pas de mettre un terme à la situation actuelle. Il faut, pour arrêter la concurrence désastreuse que nous fait le commerce espagnol aux Etats-Unis et aux colonies, permettre que les vins d'Espagne puissent entrer dans les magasins pour pouvoir être coupés, opérés et bonifiés avec nos vins. Par ce moyen, nous pourrons lutter avec l'Espagne et conserver nos relations. Il serait à désirer que le Congrès soumît cette importante question à M. le Directeur général des douanes, afin qu'il nous permît le libre emploi des vins d'Espagne, en s'assurant toutefois qu'ils seraient réexportés.

Plusieurs membres ont demandé au Congrès d'émettre des vœux tendant à obtenir l'abaissement des droits sur les alcools et la réformation de la loi sur les bouilleurs de cru. Ce dernier vœu est rédigé par M. Henri Marès, qui l'avait vivement appuyé.

M. Millet signale l'utilité de prendre des mesures pour la conservation des oiseaux insectivores. Le Congrès vote, à l'unanimité, une adresse au Gouvernement, à l'effet de provoquer des mesures propres à protéger ces utiles auxiliaires de l'homme dans le combat livré aux insectes dangereux pour les récoltes.

M. de Martin propose un moyen de faciliter la vinification dans le Midi.

L'observation ayant démontré qu'une bonne fermentation demande à se faire dans un milieu acide, et qu'elle est lactique ou alcoolique suivant que les acides qui lui sont nécessaires existent ou lui font défaut, fait établi par M. Pasteur et d'autres savants ; pour avoir toujours ce milieu acide, M. de Martin propose l'addition d'une petite dose d'acide sulfurique, par l'emploi duquel il a obtenu d'excellents résultats, et qui ne peut offrir de dangers, ajouté au vin dans des proportions infinitésimales.

M. Michel Perret constate que le vin conservé dans les cuves en bois, c'est-à-dire dans les foudres, a une qualité supérieure à celui qui est contenu dans les cuves en maçonnerie ; que, d'un autre côté, la fermentation du vin se fait mieux dans la maçonnerie que dans le bois, et il croit qu'il y aurait intérêt à se préoccuper de rechercher les moyens d'obtenir des récipients ayant les qualités de la maçonnerie et celles du bois.

M. Lassalvy présente, au nom de l'inventeur, M. Tourenc, un petit appareil simple et ingénieux, qui, se vissant sur les futailles ou foudres, permet au vin de fermenter à l'abri du contact de l'air.

M. Félix Boyer appuie énergiquement le procédé de vinification proposé par M. de Martin, en s'appuyant sur les observations qu'il a faites dans l'application de ce procédé. Il fait remarquer que, tandis qu'il fallait un certain laps de temps pour avoir des vins livrables à la consommation par le plâtrage, les vins traités par l'acide sulfurique pouvaient être livrés au bout de huit jours à la consommation.

Il a constaté, en outre, que la proportion de sulfate de potasse était bien moins grande dans le produit obtenu par le procédé de M. de Martin que par l'emploi du plâtre.

M. le docteur Ménudier croit que l'emploi de l'acide sulfurique peut convenir dans le Midi, mais que ce corps ne pourrait être employé dans le Centre et dans le Nord, où les moûts sont très-acides.

Il fait la même observation pour l'emploi des cuves en maçonnerie, qui peut être bon dans le Midi, où la température est plus élevée; mais il croit le bois préférable pour les régions du Centre et du Nord, où la vendange se fait plus tard et où il faut, par conséquent, conserver au vin de la chaleur.

M. Henri Marès conseille de rejeter l'acide sulfurique, qui peut être d'un emploi dangereux pour des cultivateurs non habitués à manier ce produit, dont un trop grand excès pourrait avoir de fâcheuses conséquences.

Avec le plâtre, ce danger n'existe pas; il a l'avantage d'agir sur le bitartrate du vin par double décomposition: un équivalent d'acide tartrique est mis en liberté, et le vin est ainsi acidifié avec le corps qui est l'acide naturel qui lui convient le mieux.

M. Marès croit que la cuve en pierre convient à la fermentation, et la cuve en bois à la conservation du vin. Il approuve le vinage, qui permet d'utiliser des vins qui ne pourraient l'être sans cela.

M. Barral conclut au rejet de l'acide sulfurique, qui contient souvent des produit arsénicaux qu'il serait dangereux d'introduire dans le vin.

M. le Président constate que la parole n'est plus demandée et qu'en conséquence la séance est levée: Il remercie, avant de s'en séparer, MM. les membres du Congrès du gracieux et sympathique accueil qu'ils ont bien voulu lui faire, et désire se retrouver bientôt au milieu d'eux, mais, cette fois, pour assister aux funérailles du phylloxera.

Sixième et dernière Journée

Partis à huit heures du matin, MM. les membres du Congrès sont allés visiter, en arrivant à Cette, les vastes magasins de MM. Noilly, Prat et Ce, fabricants de vermouth, dont les produits sont si justement appréciés. Le liquide est amené dans les foudres au moyen de pompes mues par la vapeur. Cette installation ne laisse rien à désirer. On se fera une juste idée de l'importance de cet établissement, lorsque l'on saura que 65,000 hectolitres de liquide peuvent être logés dans la vaisselle vinaire renfermée dans ses magasins.

Au prix moyen de 80 francs l'hectolitre de vermouth, cette quantité représente un capital de 5,200,000 francs.

Après cet intéressant examen, deux bateaux à vapeur ont transporté à Mèze les nombreux visiteurs, qui ont été reçus, à leur arrivée, par M. Molinier, maire de Mèze, et par M. Paul-Emile Thomas, négociant. On s'est rendu aussitôt dans le chaix si remarquable de l'honorable négociant. Cette maison a été fondée par M. Privat, dont la mort a laissé dans le pays de bien vifs regrets.

M. Camille Saintpierre a exposé, avec beaucoup de clarté, les diverses manipulations auxquelles sont soumis les vins traités dans ce grand établissement.

A leur arrivée, les futailles pleines de vin sont rangées sur des rigoles dans lesquelles elles versent le liquide, qui s'écoule lentement au moyen d'un petit appareil fort ingénieux que l'on introduit dans la bonde du tonneau.

De là le vin est amené avec des pompes, dont l'installation est parfaite, dans des cuves, et est ensuite distribué dans les filtres inventés par un intelligent industriel de Mèze, M. Vidal.

Ces filtres se composent d'un entonnoir en fer-blanc qui forme en même temps support. A l'intérieur est un filtre en étoffe qui serait insuffisant pour produire une filtration convenable, et dans lequel on introduit du papier collé et battu qui tapisse l'intérieur de l'étoffe. Le filtre a une hauteur assez grande pour que la pression du liquide active la filtration.

Le premier liquide qui passe, n'ayant pas subi une filtration suffisante, est ramené dans les appareils, qui donnent alors un produit convenable.

Les appareils de chauffage ont été examinés avec le plus vif intérêt. Ils sont dus aussi à M. Vidal.

Le chauffage du vin se fait au moyen de la vapeur, qui circule dans des serpentins disposés de telle sorte, que le vin chauffe au degré voulu cède au vin qui arrive froid, dans les appareils, le calorique qu'il a reçu lui-même. Cette disposition permet, on le comprend, une grande économie de combustible.

Toutes les futailles employées par M. Paul-Émile Thomas sont fabriquées dans ses ateliers de tonnellerie. M. Thomas fabrique surtout pour l'exportation, et notamment pour le Brésil et les États-Unis. Le chiffre des expéditions s'élève de 100,000 à 120,000 hectolitres.

Le chauffage des vins a pour but de les conserver et de les vieillir.

Après cette visite, MM. les membres du Congrès sont allés déjeuner. A la fin du repas, M. Gaston Bazille a vivement remercié M. de Lunaret, à qui est due l'organisation du banquet et de la fête de Palavas, et M. Camille Saintpierre, à qui l'on doit l'organisation des excursions qui ont si bien rempli cette dernière journée.

Après le déjeuner a eu lieu le retour à Cette. On a d'abord visité les magnifiques collections du musée Doûmet, et ensuite l'établissement de MM. Winberg et Ewerdt, qui ont donné des renseignements aussi complets qu'intéressants sur la fabrication de leurs vins imités. Le chaix de M. Henri Bénézech a été l'objet d'une dernière visite. Son installation, faite avec autant de soin que d'intelligence, a vivement intéressé MM. les membres du Congrès.

On est rentré à Montpellier à 5 h. 50.

L'exposé des nombreuses communications qui ont si utilement rempli les séances consacrées au Congrès viticole gagnera, comme clarté, à être résumé dans une courte analyse, qui permettra, en rappelant les faits, d'en tirer les conséquences et les enseignements.

CONCLUSIONS

Dans son remarquable discours d'ouverture du Congrès viticole, M. Drouyn de Lhuys a divisé en deux grandes classes les méthodes proposées pour obtenir la guérison de la vigne : « les unes ayant pour but direct la destruction ou l'éloignement du phylloxera, au moyen d'insecticides ou de divers procédés ; les autres tendant à modifier ou à fortifier la séve, l'écorce ou la plante, soit dans son ensemble, soit dans ses parties. »

C'est, en effet, dans cet ordre d'idées que les savants et les agriculteurs ont présenté au Congrès leurs intéressantes communications.

Disons avant tout que, si les faits exposés permettent d'espérer que l'on pourra combattre le fléau, ils sont loin de donner, jusqu'à présent, la certitude de le vaincre. Il y a encore beaucoup d'expériences à faire, bien des essais à tenter, avant d'être en possession d'un moyen *efficace* et *économiquement* applicable dans la généralité des terrains, pour détruire le phylloxera ou en empêcher les ravages.

Le Congrès aura eu ce résultat, d'indiquer et de limiter les procédés qui peuvent être utilement suivis pour atteindre le but final: la guérison de la vigne, ou tout au moins sa conservation malgré le phylloxera; et c'est avec raison que M. Léon Marès a dit, en terminant sa communication: « On peut le dire aujourd'hui, des documents » nombreux et certains, qui prouvent la possibilité, soit de préserver » les vignes des atteintes du phylloxera, soit d'atténuer ou de répa- » rer ses ravages, sont déjà réunis. De grandes expériences sont déjà » en cours d'exécution; et, si chacun des intéressés avait assez de con- » fiance pour entreprendre dans son propre domaine, et d'après les » données maintenant connues, des expériences peu étendues, mais » bien conduites, sur le traitement des vignes menacées ou atteintes » par le phylloxera, nous verrions bientôt, je n'en doute pas, la con- » fiance remplacer la consternation générale.

» Chacun de nous se doit à lui-même et doit à son pays de s'asso- » cier à la recherche des moyens les meilleurs et les plus sûrs de » sauver nos revenus et d'accroître nos richesses. La France en a » besoin. »

La submersion, dont MM. Faucon et de Ricard ont fait connaître les efficaces effets, permet de noyer le phylloxera; mais, comme son application ne peut être généralisée, M. l'ingénieur Dumont fournit, par l'exécution de son projet de dérivation d'une partie des eaux du Rhône, le moyen de submerger une surface de 80,000 hectares de vignobles; ce serait là une jolie part arrachée au dangereux ennemi de la vigne.

Si l'on ne peut noyer partout le phylloxera, disent un grand nombre de chercheurs, on peut l'empoisonner, et c'est dans ce sens que parlent MM. Cornu, le savant délégué de l'Académie des sciences, et Monestier, notre compatriote: le premier, recommandant l'emploi des substances donnant des vapeurs toxiques comme seules efficaces, et signalant particulièrement les sulfocarbonates; le second, proposant l'application d'un mélange d'huiles lourdes et de sulfure de carbone, dont les vapeurs, agissant de bas en haut, doivent, d'après lui, être mortelles pour l'insecte.

Pour d'autres savants, au contraire, le phylloxera n'est pas la cause unique de la maladie, qui résulte de causes complexes, parmi lesquelles l'insecte est la cause animée, agissante et visible, les autres résultant des influences des milieux (qui dépendent du sol lui-même et des intempéries), des cultures et des conditions dans lesquelles végète la vigne ; le phylloxera, d'après eux, n'est qu'un effet de l'état maladif de la vigne.

Dans cet ordre d'idées, non-seulement on est conduit à combattre et à détruire directement le phylloxera par les moyens les mieux appropriés, sans même en excepter les insecticides, mais encore à renforcer et à soutenir les vignes par les cultures et les engrais les plus énergiques et les plus propres à leur donnner la plus grande force de résistance possible.

C'est là l'opinion exprimée depuis longtemps par M. Henri Marès, et qui compte aujourd'hui de nombreux adhérents.

La Commission départementale de l'Hérault, à laquelle ont été soumis une foule de moyens, n'en a réellement trouvé d'efficaces que parmi ceux qui se présentent avec un emploi d'engrais puissants, associés soit avec des sulfures ou des sulfates, soit avec des sels de potasse et d'ammoniaque.

A côté de ces procédés, nous devons signaler celui de l'ensablement, qui n'a fait l'objet d'aucune communication spéciale et qui a cependant donné de bons résultats sur les points où il a pu être appliqué.

La question des cépages américains est certainement celle qui, en raison de son importance, a occupé le plus de place dans la discussion.

MM. Laliman, Planchon, Fabre, Bouschet de Bernard, Douysset, ont pris énergiquement la défense de ces cépages, dont l'introduction en France pourrait seule, d'après eux, conjurer la ruine de nos vignobles. Le greffage, à leur avis, doit permettre d'obtenir économiquement des vignes résistant aux attaques du phylloxera, qu'ils ne croient pas possible de détruire ou d'éloigner.

Pour M. Planchon, et bien des savants partagent cette opinion, le phylloxera a été apporté en France par les plants américains ; aussi, tout en se montrant favorable à leur introduction, recommande-t-il de s'opposer énergiquement à leur implantation dans les contrées non encore atteintes.

Tels sont, en résumé, les principaux moyens qui ont été proposés pour soutenir et relever notre viticulture si compromise.

Examinons-les successivement, afin de faire la part de leurs avantages et de leurs inconvénients, considérés par rapport aux effets que l'on peut en attendre.

La submersion paraît seule, jusqu'à ce jour, avoir donné des résultats décisifs ; et, appliquée sur les points où elle pourra être réalisée ; il semble résulter des faits acquis que l'on pourra, dans ces endroits, conserver les récoltes. Il importe cependant, pour fortifier les vignes, qu'un séjour prolongé dans l'eau doit nécessairement affaiblir, de recourir, dans l'application de ce procédé, à l'emploi d'engrais puissants, que l'on doit considérer comme indispensables pour assurer le succès de l'opération. Par la submersion, on pourra sauver le produit, dût la qualité s'en ressentir.

A ce point de vue, le projet Dumont se recommande aux populations, qui trouveront dans son exécution la conservation de leurs vignes, et, dans la faculté de varier les cultures, le développement de leur fortune agricole.

C'est à tort, croyons-nous, que l'on rejetterait impitoyablement les insecticides, qui ont eu surtout contre eux, jusqu'à présent, la difficulté de l'application et leur prix élevé, mais dont l'emploi, une fois rendu pratique, fournira un moyen énergique de lutter contre le mal. Pourquoi ne pas les employer là où l'intensité de la maladie ne laisse, sans leur aide, aucune chance de salut ?

Le traitement par les engrais mélangés à des matières jouissant de propriétés insecticides ou spéciales doit surtout être sérieusement recommandé. Appliqué avec intelligence, il semble devoir permettre à la vigne de supporter les attaques de son terrible ennemi, en augmentant la vitalité de la plante, qui, si elle ne guérit pas, pourra au moins continuer à produire.

Le sable, dans les endroits où on peut l'avoir à bon marché, fournit encore un moyen efficace de préserver les souches, en créant autour d'elles un obstacle à la marche de l'insecte; mais il est alors indispensable d'ajouter au sable des engrais puissants et des sulfures, comme l'a indiqué M. Espitalier.

Quant à l'introduction des cépages américains en France, les expériences faites remontent à une date trop récente pour que l'on puisse, dès à présent, se prononcer en leur faveur. Ils auront le grave inconvénient de rapporter constamment le phylloxera, et c'est là une raison qui mérite d'être sérieusement examinée. La résistance au phylloxera, qui paraît être la propriété distincte de certaines espèces, ne sera-t-elle pas diminuée par leur implantation dans un nouveau milieu? S'acclimateront-ils dans notre pays? Enfin il ne faut pas perdre de vue que c'est la qualité de nos vins qui fait leur supériorité, et certainement les vins américains ne sauraient soutenir la comparaison avec les nôtres. S'il faut donc avoir recours aux cépages américains, que ce soit comme porte-greffe de nos plants indigènes, de façon à conserver la qualité de nos produits.

Des essais de greffage de nos cépages sur les plants américains ont été faits en Amérique, mais avec peu de succès.

Pourquoi ne les reprendrait-on pas en France, où ils pourraient peut-être mieux réussir?

M. Sahut cultive depuis plusieurs années, parallèlement, dans sa pépinière, des plants français et des plants américains ; il sera facile de constater chez lui les résultats qu'il a obtenus.

Les observations de MM. Lichtenstein, Terrel des Chênes et Lejoly, relativement à la présence du phylloxera pendant des époques déterminées au-dessus du sol, sur ou sous l'écorce de la plante, peuvent ouvrir encore une voie nouvelle aux recherches et à l'expérimentation ; et, si l'étude plus approfondie des mœurs et des habitudes de l'insecte démontre que ce sont là des faits généraux et non exceptionnels, on pourra sans doute obtenir de bons résultats par l'application de certaines substances, parmi lesquelles M. de Saint-Trivier cite le coaltar comme lui ayant donné d'heureux effets.

En résumé, des communications présentées au Congrès il ressort, et c'est là un fait capital, qu'il faut donner de bonnes cultures et d'excellents engrais, quels que soient les procédés appliqués, et que les méthodes qui méritent d'être recommandées sont :

1° La submersion ;

2° L'ensablement ;

3° L'emploi des engrais mélangés aux sels ammoniacaux, aux sulfures alcalins, terreux et ammoniacaux, à l'urine de vache, aux sels de Berre et à la suie ;

4° Les vapeurs toxiques des sulfocarbonates, et surtout du sulfure de carbone, qui a déjà été appliqué par M. Monestier à de grandes surfaces et dont on paraît attendre de bons effets ;

5° Enfin l'introduction des cépages américains, qui est encore à l'étude et présente des avantages et des inconvénients qu'il faut pouvoir apprécier.

Que les vignerons renoncent, comme le dit avec raison M. Girard, dans son excellente brochure, à une inertie séculaire, et soignent leurs vignes. Si les frais deviennent plus considérables, un meilleur rendement pourra faire compensation.

Nous ne saurions terminer cette longue relation des travaux du Congrès viticole international, sans donner des éloges mérités à d'autres savants ou viticulteurs distingués, tels que MM. Golfin, Lutrand et Daube, ces deux derniers récemment décédés ; Jeannenot, Camille Saintpierre et Durand, professeurs à l'École d'agriculture de Montpellier ; E. Duffour et Sahut, dont les travaux antérieurs n'ont pas peu contribué à donner une utile direction aux études de nos Comices viticoles dans le midi de la France.

Montpellier, Imprimerie centrale du Midi. — (Ricateau, Hamelin et Cie)

Expériences faites dans la vigne sud du mas de Las Sorres, en 1873 et en 1874

TABLEAU se rapportant au Traitement de 25 Ceps par Essai

L'échelle adoptée pour les coefficients est de 1 à 12. Le coefficient des Ceps morts est 0, et celui des Ceps en bon état de végétation est 12. — Ces coefficients ont été donnés comparativement aux Ceps traités et à leurs témoins, après la vendange, en ne tenant compte que de l'état présent de la végétation).

Colonnes : **ANNÉE 1874 — CEPS TRAITÉS** (Aspect du feuillage, Poids des raisins [k.gr], Degr. du moût, Longueur des sarm [m.c], État de vég. / Coefficient) · **CEPS NON TRAITÉS** (Aspect du feuillage, Poids des raisins [k.gr], Degr. du moût, Longueur des sarm [m.c], État de vég. / Coefficients) · Coefficients déduits · Observations faites en 1874 sur les ceps traités et les témoins · **ANNÉE 1873** (Aspect du feuillage, Longueur moyenne des sarm : Témoins [m.e] / ceps traités [m.e], Poids des raisins des ceps traités [k.gr], Coefficients déduits).

Substances employées par cep	Aspect (T)	Poids rais. (T)	Degr. moût (T)	Long. sarm (T)	Coeff. (T)	Aspect (NT)	Poids rais. (NT)	Degr. moût (NT)	Long. sarm (NT)	Coeff. (NT)	Coeff. déduits	Observations	Aspect 1873	Long. Témoins 1873	Long. ceps traités 1873	Poids rais. ceps tr. 1873	Coeff. déduits 1873
Arrosement avec une solution de sulfure de potassium dans de l'urine humaine. (100 grammes de sulfure de potassium et 20 litres d'urine.)	Très vert	58.00	10.50	1.00	10		7.250	8.00	0.25	2	8	Les témoins sont presque tous morts.	Très vert	0.35	1.00	20.00	7
Semis, sur le sol, d'un mélange de sulfate de fer, d'engrais sulfatisé de Berre, et de tourteau de colza. (60 grammes de sulfate de fer, 200 grammes de tourteau de colza, et 240 grammes d'engrais sulfatisé.)	Très vert	36.500	10	1.40	11	Vert	8.250	9	0.70	5	6	Trois ceps traités ont été frappés d'apoplexie	Très vert	0.40	0.90	12.00	5
Fumure avec de la suie. (500 grammes de suie.)	Très vert	31.500	10.50	1.30	11	Vert	11.750	10	0.65	6	5		Vert	0.30	0.60	6.0	3
Arrosement avec de l'urine de vache additionnée d'huile de cade. (10 litres d'urine de vache et 1/10 de litre d'huile de cade.)	Très vert	86.250	9.50	1.25	12	Vert	21.500	10	0.60	7	5		Très vert	0.45	0.80	pas été pesé	3
Arrosement avec une solution de savon noir dans de l'eau. (500 grammes de savon et 10 litres d'eau.)	Vert	1.00	10.00	0.40	4	»	0	»	»	0	4	Les témoins sont morts.	Ass.-vert	0.20	0.40	—	3
Arrosement avec une solution de sulfure de potassium dans de l'eau. (100 grammes sulfure de potassium et 16 litres eau.)	Ass.-vert	10.00	10.00	0.80	6	»	0	»	0.30	2	4	Un témoin est mort.	Vert	0.35	0.80	13.00	4
Fumure avec du fumier de ferme arrosé avec une solution d'aloès dans l'eau, et du goudron de gaz, et introduction de camphre dans un trou pratiqué dans la tige. (5 kilogrammes de fumier, 10 litres d'eau, 30 grammes d'aloès, 30 grammes de goudron, et 3 grammes de camphre.)	Vert	6.00	9	1.00	7	»	1.00	9	0.30	3	4	3 témoins morts et 4 mourants.	Vert	0.30	0.60	5.00	3
Arrosement avec de l'urine de vache additionnée de goudron de gaz. (15 litres d'urine de vache, et 3/4 de litre de goudron.)	Vert	62.50	9.50	1.15	11	Vert	33.500	8	0.60	7	4		Vert	0.50	0.60	—	1
Arrosement avec de l'urine de vache. (15 litres d'urine de vache.)	Vert	65.500	9	1.15	11	Vert	34.500	8	0.60	7	4	Trois ceps traités sont morts.	Très vert	0.45	0.80	39.0	3
Arrosement des ceps, préalablement fumés, avec de l'eau contenant du soufre rendu soluble par un procédé particulier. (8 kilogrammes de fumier de ferme et 1/5 de litre de la solution.)	Très vert	29.500	10.50	0.80	8	Ass.-vert	9.00	10	0.30	4	4		Très vert	0.40	0.75	19.00	3
Arrosement avec de l'urine humaine contenant de la suie, du sel de cuisine et du sulfate de fer. (3/4 de litres de suie, 1 kilogramme de sel de cuisine, 750 grammes de sulfate de fer, et 20 litres d'urine humaine.)	Vert	34.500	10.00	1.00	9	Ass.-vert	9.00	8	0.60	6	3		Ass.-vert	0.50	0.60	pas été pesé	1
Fumure avec du tourteau de ricin. (1 kilogramme de tourteau.)	Très vert	66.00	10.50	1.15	11	Vert	31.250	10	0.70	8	3		Ass.-vert	0.50	0.70		2
Arrosement, avec une décoction dans l'eau, de suie de bois, de sel de cuisine, de sulfure de potassium et de sciure de bois, et dépôt du résidu au pied des ceps. (1/2 litre d'eau, 100 grammes de suie de bois, 50 grammes de sel de cuisine, 50 grammes de sulfure de potassium, et 100 grammes de sciure de bois de sapin.)	Vert	17.500	10.00	1.00	10	Ass. Vert	10.00	9.50	0.70	7	3		Ass.-vert	0.55	0.80	—	2
Fumure avec du fumier de ferme, des cendres de bois et de la chaux grasse. (5 kilogrammes de fumier, 2 litres de cendres de bois, et 1/2 litre de chaux grasse.)	Très vert	87.500	9.75	1.15	11	Vert	33.00	9	0.80	8	3		Vert	0.40	0.80	5.00	3
Dépôt, au pied des ceps, de sulfure de potassium concassé. (0 k. 200 grammes de sulfure de potassium.)	Ass.-vert	2.00	10.00	0.40	3	»	0	»	0.25	1	2	4 ceps traités et 6 témoins sont morts.	Ass.-vert	0.25	0.40	pas été pesé	2
Fumure avec du fumier de ferme, de la cendre de bois et une solution de chlorhydrate d'ammoniaque dans de l'eau. (5 kilogrammes de fumier, 1 kilogramme de cendres, 5 litres d'eau et 60 grammes de chlorhydrate d'ammoniaque.)	Très vert	147.500	10.50	1.50	12	Vert	100.750	9	1.10	10	2	1 cep, 1 témoin frappés d'apo.	Vert	0.50	1.00	10.00	3
Arrosement avec une solution de permanganate de potasse dans de l'eau. (6 grammes de permanganate de potasse, et 10 litres d'eau.)	Ass.-vert	25.00	10.00	0.70	7	»	10.500	10	0.50	5	2		Ass.-vert	0.60	0.70	pas été pesé	1
Badigeonnage des racines avec du goudron de Norvège rendu plus fluide par du carbonate de potasse. (1/8 de litre de goudron.)	Ass.-vert	pas été pesé	»	0.40	4	»	pas été pesé	»	0.20	2	2	6 témoins et 8 ceps sont morts.	Ass.-vert	0.30	0.40	—	1
Fumure avec du tourteau de colza répandu dans des sillons ouverts entre les lignes des ceps. (1 kilogramme de tourteau de colza.)	Très vert	49.500	10.00	1.00	10	Vert	38.500	9	0.80	8	2		Ass.-vert	0.75	0.90	—	2
Fumure avec de la suie de bois et du sel de cuisine. (1/2 poignée suie, et 1 poignée sel cuisine.)	Très vert	95.00	10.00	1.10	11	Vert	80.500	10	0.90	9	2		Ass.-vert	0.50	0.60	—	1
Fumure avec un mélange de boue d'égouts, de salpêtre, de suie, de cendres de bois, de chaux et de tan. (6 kilogrammes de boue d'égouts, 80 grammes de salpêtre, 80 grammes de suie, 80 grammes de cendres non lessivées, 80 grammes de chaux et 80 grammes de tan.)	Très vert	87.500	10.00	1.00	11	Vert	37.500	10	0.80	9	2		Ass.-vert	0.80	0.60	—	1
Arrosement avec une solution de sulfure de potassium dans de l'eau. (200 grammes de sulfure de potassium, et 16 litres d'eau.)	Ass.-vert	pas été pesé	»	0.30	2	»	0	»	»	1	1	Témoins morts ou mourants.	Ass.-vert	0.25	0.40	—	2
Sulfure de potassium introduit dans un trou pratiqué dans la tige. (3 grammes de sulfure de potassium.)	Ass.-vert	—	»	0.50	5	»	pas été pesé	»	0.40	4	1		»	»	»	—	»
Dépôt de chaux vive éteinte au pied des ceps. (2 kilogrammes 500 grammes de chaux vive.)	Vert	—	»	0.60	6	Ass.-vert	—	»	0.50	5	1		»	»	»	—	»
Fumure avec de la cendre de bois. (1/2 litre de cendres.)	Ass.-vert	61.00	10	0.90	9	Ass.-vert	49.00	10	0.80	8	1		Ass.-vert	0.70	0.80	»	»
Badigeonnage avec une solution de savon vert, de cristaux de soude dans de l'eau. (6 grammes de savon vert, 2 grammes de cristaux de soude, et 1/4 de litre d'eau.)	Ass.-vert	46.500	9	0.90	9	Ass.-vert	34.500	9	0.80	8	1		»	»	»	»	»
Fumure avec du fumier de ferme, des rognures de cuir et de la chaux. (5 kilogrammes de fumier, 1 kilogramme de rognures de cuir, 1/2 kilogramme de chaux.)	»	pas été pesé	»	0.40	4	»	pas été pesé	»	0.30	3	1	8 témoins et 7 ceps morts.	Ass.-vert	0.50	0.60	pas été pesé	1
Arrosement avec une décoction de camphre dans de l'eau, additionnée d'ammoniaque et de chaux. (10 grammes de camphre, un litre d'eau, 25 grammes d'ammoniaque, et 25 grammes de chaux.)	Vert	61.00	10.50	1.10	10	Vert	43.00	10	0.90	9	1		Ass.-vert	1.00	1.10	pas été pesé	1
Dépôt de naphtate potassique au pied des ceps, et arrosement avec un liquide particulier. (1/4 de litre de naphtate, et 6 litres du liquide.)	Ass.-vert	pas été pesé	»	0.35	3	»	pas été pesé	»	0.15	2	1		Ass.-vert	0.35	0.35	—	1
Fumure avec du tourteau de sésame noir. (500 grammes de tourteau.)	Ass.-vert	pas été pesé	»	0.60	6	Ass.-vert	pas été pesé	»	0.60	6	0	8 ceps traités sont très affaiblis.	Ass.-vert	0.50	0.60	—	1
Arrosement avec de l'eau contenant de la suie, de la chaux, du sulfate de cuivre et du sulfate de fer. (10 litres d'eau, 1/2 kilogramme de suie, 200 grammes de chaux, 100 grammes de sulfate de cuivre, 100 grammes de sulfate de fer.)		—	»	0.15	1	»	—	»	0.15	1	0		Ass.-vert	0.25	0.35	—	1
Semis de poussière de chaux sur le sol. (1/3 de litre par mètre carré.)	Ass.-vert	—	»	0.70	7	»	—	»	0.70	7	0		Ass.-vert	0.60	0.70	—	1

www.ingramcontent.com/pod-product-compliance
Ingram Content Group UK Ltd.
Pitfield, Milton Keynes, MK11 3LW, UK
UKHW022133070726
13613UKWH00003B/1343